大气之海：
解密气象学

[俄] 达·奥·斯维亚茨基
[俄] 塔·尼·克拉多　著

王梓　译

中国青年出版社

图书在版编目（CIP）数据

大气之海：解密气象学/（俄罗斯）达·奥·斯维亚茨
基，（俄罗斯）塔·尼·克拉多著；王梓译．--北京：中
国青年出版社，2025.1.-- ISBN 978-7-5153-7480-2

Ⅰ. P4-49

中国国家版本馆 CIP 数据核字第 2024DK5631 号

责任编辑：彭岩
出版发行：中国青年出版社
社　　址：北京市东城区东四十二条 21 号
网　　址：www.cyp.com.cn
编辑中心：010 - 57350407
营销中心：010 - 57350370
经　　销：新华书店
印　　刷：三河市君旺印务有限公司
规　　格：660mm×970mm　1/16
印　　张：12.5
字　　数：153 千字
版　　次：2025 年 1 月北京第 1 版
印　　次：2025 年 1 月河北第 1 次印刷
定　　价：58.00 元

如有印装质量问题，请凭购书发票与质检部联系调换
联系电话：010 - 57350337

目录

前言

为什么需要气象学

那是一个明媚的五月天，天气温暖，天空中飘着一朵朵明亮的白云。到了傍晚，天气变得又晴朗又凉爽。晚上会不会起霜冻呢？要是会的话，就得把大棚里的秧苗盖好，在果园里点起篝火为开花的苹果树保暖。庄稼冻死了是很糟糕，但人们也不想白白浪费了工夫。假如能确切地了解到未来的天气，果农就能省去许多不必要的力气。

在俄罗斯南部，当地正在计划种植需要大量热量和光照的植物，比如说棉花和茶。那里有没有足够的光照和水分呢？冬天的严寒会不会把作物冻死呢？有时人们会找老本地人来帮忙，指望他们会记得以前的所有事情。但即使以前从未有过严寒或大旱，难道就能担保以后也绝不会有吗？在开展一项新工作之前，必须把"人的见证"这种不可靠的证据排除在外，预先了解我们究竟会碰到什么样的状况，这是一个非常重要的前提。

在经常刮风的草原，建造风车去利用风能会很有好处。风车该安装在多高的地方呢？每天预计能工作多少个小时呢？建风车这件事本身有没有意义，是否可能因为安装花费太大而得不偿失？

暴风雪和雪堆阻挡了火车通行，电线杆也被风暴吹折了。如果我们能预见暴风雪、雪蚀和路面结冰，就会大大增加铁路运输的收益。为海上的船只预测风暴也同样重要，因为突然来袭的风暴可能造成严重的财产损失，甚至是人员伤亡。

迅猛的融雪，泛滥，春汛……了解一个地区的积雪量，知道这些雪融化后会变成多少水，又可能会在什么地方造成水灾，这无疑也是非常重要的。

假如能预先知道发大水的时间，将能避免多少灾难和损失啊！

飞行员准备起飞。地表附近风平浪静，天气十分安稳。但高空中等着他的是什么呢？是同样平静的天气，还是危险的风暴？

病人想去疗养。他得先知道哪里阳光足，风雨少，空气好——了解某个疗养地的气候，才能挑选出最好的目的地。

上面举了来自生活各个领域的一些例子，这还远远没有穷尽气象学能回答或要回答的问题。对广大群众而言，"气象学"这门学科并不算很有名，但没有哪个人的生活能离开它的服务。人的一生都与他生活工作的国家的天气和气候息息相关。在农村，气候的影响显得更明显；在城里相对要少些，但城里人同样不能不受天气和气候的影响。气象学也是一门关于空气的科学，它研究包围着我们的空气以及其中发生的变化，而正是这些变化为各地创造了所谓的"当地天气"，最终还形成了"气候"。

古人对天气有哪些了解

上面列举的问题中，有些只是近代以来才出现的。但以前的人们受天气的影响远比现在要大，因此在古代，人们就开始对天气进行简单观测了，特别是在农业和航海方面。保存至今的最古老的气象记录是巴比伦的一些泥板（目前保存在英国伦敦的大英博物馆）。这些泥板上记录了不同的天气征兆，大多是和庄稼收成有关的，例如："当雷电在'细罢特月'①轰鸣时，就会有蝗虫飞来"，"当太阳被光圈环绕时，天就会下雨"，诸如此类。

类似的记录在《圣经》以及古希腊和古罗马人的笔下都能见到。古希腊人有一种特殊的天气日历，还有独特的预测长期天气的"日程表"；尽管

---

① 相当于现在公历的 1～2 月。

这些预测与荒唐透顶的迷信和宗教偏见混在一起，但他们显然还是取得了一些成功。同样还是古希腊人（具体来说是亚里士多德）写出了世界上第一部科学的气象学著作，不过它还是归入物理学更合适。这部著作的创作时间是公元前 4 世纪，直到 1923 年才首次以英文出版。

　　古代的亚洲人在气象学上也很有建树；在流传至今的中国和印度古籍中，能找到一些讲天气观测的相当有趣的片段。公元初的古印度诗人迦梨陀娑写过一部长诗叫作《云使》，里面用诗意的语言描绘了云在季风期（印度的雨季）的运动情况。下面便是其中的几段：

> 云啊！现在请听我告诉你应走的路程，
> 然后再倾听我所托带的悦耳的音讯；
> 旅途倦怠时你就在山峰顶上歇歇脚，
> 消瘦时便把江河中的清水来饮一饮。
>
> ……
>
> 在那有藤萝亭盖给林中妇女享用的山头，
> 你稍停片刻，倾出水后，统一轻快的步伐前进；
> 你将看到那在嶙峋的文那山脚下的列瓦河
> 分为支流，仿佛身上装饰的彩色条纹。
>
> ……
>
> 如果那儿湿婆去了颈上的蛇饰，
> 以手扶着乌玛在山上步行为乐；
> 你就凝结身内水流，把自己造成阶梯，
> 前面引导它登上那珠宝山坡。
>
> 那儿一定有仙女以首饰的锋棱碰你，
> 使你降雨，把你变作淋浴的工具；
> 朋友啊！若是在夏季而你不能避开她们，

你就用震耳的雷鸣使爱游戏的她们恐惊。

······

你应我的不情之请，能对我施此恩情，

无论是出于友情还是对我独居感到怜惜；

云呀！雨季为你增加光彩，此后请随意遨游，

祝愿你一刹那也不与你的闪电夫人离分。 ①

很明显，古印度人正确地观察到了这样的自然现象：当温暖湿润的海风在途中碰上喜马拉雅山时，便在山顶上形成了云朵。他们观察到了云的运动方向、形成过程和云中降水，有时还看到了强烈的雷暴和冰雹（"你就凝结身内水流"）。

直到今天，世界各民族都还保留着许多与天气相关的迷信，当然，部分民间迷信还是具有某些科学依据的。但不管怎么说，直到人们发明了几种重要仪器并开始进行正确的天气观测，才可以说是开始了科学的气象学研究。

---

① 迦梨陀娑《云使》（金克木译）。

第一章　气压

空气有多重？

我们通常假定0℃时海平面上的空气压力为正常的气压。这时的气压相当于气压计中的760毫米汞柱。可能有人要问了："这关温度什么事呢？"要记住，所有的物体都会热胀冷缩，气压计中的水银自然也是如此；换句话说，在相同的气压下，0℃以上的汞柱要比0℃时的汞柱高，而0℃以下的汞柱要比0℃时的汞柱低。严格来说，所有物体的重量都取决于其与地心之间的距离，而我们知道地球并非球体，而是两极凸出的形状，所以还要根据当地的纬度进行修正；不过这个修正值非常小，只有在特别精确的测量下才有必要。

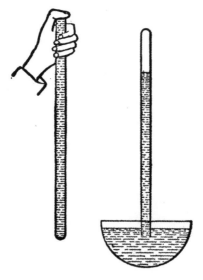

图1-1 托里拆利实验：大气对管内水银液面的压力相当于760毫米汞柱的重量。

可是，相当于760毫米汞柱的空气柱到底有多重呢？这自然是取决于空气柱的底面积。假设我们想算出底面积为1平方米的空气柱的压力。如果我们用的不是水银而是水，水柱在气压计中的高度就不是 760 毫米了，而是其 13.5 倍，也就是 10.5 米左右[①]；在底面积为 1 平方米的条件下，这个水柱的体积应该是 10.5 立方米；重量应该是 10.5 吨，即 10500 千克。

我们的身体只能完全适应平时习惯了的气压。气压的剧烈增加或减少一般都会对人产生影响，对不太健康的人尤其明显。要是乘热气球或飞机进入稀薄的高层大气，或者爬上很高的山峰，即使是健康人也会产生各种不良反应。这里的部分原因在于氧气不足，但更主要的原因还是气压的下降。

不过，习惯对人的生活也是很重要的，而它在这个方面同样会表现出来。如果有人去高山地区进行长期考察，必须有一段相对较长的时期待在高海拔的地方，那么他起初会觉得非常难受：身体明显衰弱了，晚上睡不着觉，等等。但随着时间流逝，他渐渐适应了稀薄的空气，过了 4～5 天后就完全能够忍受了。在 1924 年夏对珠穆朗玛峰的考察中，考察队登上了海拔约 8580 米的最高点（珠穆朗玛峰海拔约 8845 米），证明了在这样的高度下也能不靠人工呼吸机生存，甚至是翻山越岭，前提是要进行预先训练。你要知道，那里的气压大概只有 260 毫米汞柱，也就是正常气压的三分之一！还是珠穆朗玛峰上，在远远低于这个高度但也是相当高的地方，也就是海拔约 5200 米处（只比厄尔布鲁士峰[②]的最高点低 400 米），长期生活着一些印度教隐士，显然过得非常自在，尽管那里的气压只有 400 毫米汞柱。

如果找个办法把空心物体里的空气抽掉，外部的气压就会立刻显现出来。物理学课本里有著名的"马德堡半球实验"，当空气从马德堡半球中抽出去后，两个半球便在大气压的作用下紧紧地贴在一起，连 16 匹马的力量都无法将它们分开。还有一个取自其他领域的有趣实例。北美洲的大洋沿岸经常发生一种极其强大的风暴，也就是所谓的"龙卷风"。在刮龙卷风

[①] 水银的密度大约是水的 13.5 倍。

[②] 欧洲第一高峰，位于俄罗斯与格鲁吉亚交界的高加索山区，最高处海拔约 5600 米。

图 1-2　马德堡半球实验：取自格里克的著作

图 1-3 莱茵河面上刮起龙卷风，1858 年。

时，短期内的气压有时会降到 700 毫米汞柱或以下。在外部气压如此急剧下降的情况下，房屋里的气压就跟不上变化了；内外的气压差大得能把房子给掀起来，就好像房子从里面爆炸了一样！

大气的边界在哪里?

随着高度的上升，地球上的气压和空气密度都在减小；而且气压的降低速度远远超过高度的上升速度。假设整个大气的温度都是 0℃，那么地表的气压就是 760 毫米汞柱，18.4 千米高处是 76 毫米汞柱，36.8 千米高处是 7.6 毫米汞柱，55.2 千米高处是 0.76 毫米汞柱，依此类推。由于高层大气的温度低于 0℃，所以气压的下降还要比这快得多，在 40 千米高处就只有 1 毫米汞柱了，500 千米高处约为 0.001 毫米汞柱。这个数字已经约等于零了，所以对我们而言，10～15千米以上的高空基本就不存在大气了。要在空气的"踪迹"与真空空间之间划界恐怕是行不通的：二者间的过渡是逐渐发生的，没法精确地捕捉到。但另有一个问题是可以解决的：假设各个高度的空气密度都一样，不随高度的变化而变化，那么大气该有多高？要确定这一点并不困难。我们知道，直抵大气顶端且底面积为1平方米的空气柱的重量为10500千克。此外我们还知道，1立方米的干燥空气重约1.29千克。这样一来，10500是1.29的多少倍，"同质大气"的高度就是1米的这么多倍。结果是8140，可见问题中要求的高度约为8千米。这样看来，珠穆朗玛峰的峰顶已经超出同质大气的范围了。

气压计与天气

许多人都以为气压计能"指示"当前的或未来的天气，就连不少受过教育的人也是这样想的。我们的师傅有一种手艺，能制作在表盘上指示"晴朗""阴天""有雨"和"大风"的膜盒气压计，这就进一步加深了上述误解。膜盒气压计的原理是：抽成真空的金属盒在外部气压的作用下会略微发生形变，这种形变由杠杆传到指针，指针便在表盘上转动。表盘通常是按照毫米汞柱来划分刻度的（以前的设备是按英寸划分）。就算是经过校正的精确的膜盒气压计，也必须经常对着水银气压计进行调整，因为严格来说，这种气压计指示的不是绝对的气压值，而是气压的变化。不错，调整好的优质膜盒气压计的误差相对不大。可一般人中最常用的还是廉价的膜盒气压计，不仅没有对着水银气压计调整过，也没考虑到天气表采用的地方的高度。话说回来，一般人并不关心这些问题。他们首先是看表盘上的文字好不好看，可要是指针指向"非常干燥"而天上下起了毛毛雨，或者在阳光明媚的日子里指向"有雨"时，这气压计的主人就要咒骂气压计和气象学家了。其实这都得怪他自己，因为他不愿花点工夫去了解：不仅是膜盒气压计——这种仪器本身就可能调整得不好，就连最完善的水银气压计也不一定能预报天气。

气压计指示的是空气的压力，而空气的压力又取决于高度。在相同的天气条件下，高山上的气压计可能指示着"大雨"，而平地上的气压计却指示着"晴朗"。对列宁格勒[①]来说较低的气压在莫斯科却算是高的，因为莫斯科的海拔较高。不过，就算我们考虑到了这一点，根据高度进行了修正，或者说"以海拔为基准添加气压"（这可以通过特殊的表格来实现，而在地表附近 900～1000 米内，可以粗略地认为 1 毫米汞柱的气压差对应 11 米的海拔高度）。即便如此，在后文中我们还会看到，天气与其说是取决于气压，倒不如说是取决于气压的变化，此外还有一系列复杂的条件。这里面固然也有某些规律：如果气压计的指数一直居高不下，天气通常晴朗平静；而要是气压计的指数迅速下跌，就要做好面对大风大雨的准备了。但这也只是相对而言，所以拿"骗人"的气压计撒气是毫无道理的。

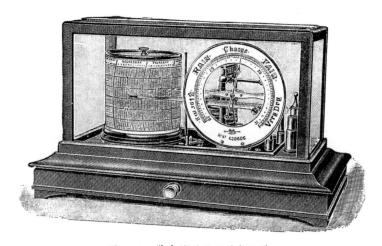

图 1-4　带有辅助显示的气压计。

---

① 俄罗斯主要城市圣彼得堡在苏联时期的名称。

第二章　太阳与太阳能

太阳给了我们什么？

我们在地球上利用的所有能源都来自太阳。这种说法乍一听有点不好懂。在中纬度地区，冬天里太阳基本不怎么暖和，高纬度就更不用说了，但我们靠木柴或煤炭烧炉子，没有温暖的阳光也过得去。此外，我们还用强大的蒸汽机和电动机创造能量，利用水能，有时还利用风能，把太阳都抛到脑后啦！

这样想其实是忽略了一个重要的问题：我们的蒸汽机和电动机并不能自行运作，而是得有燃料才行。燃料靠木柴或煤炭提供。可木柴是取自林木的资源，要是没有太阳提供足够的热量和光照，树木就无法生长。树木的所有组织就好比是积累太阳能的储藏室，而煤炭不过是千百万年前的原始森林的残骸——又是积累下来的太阳能。

那水能发电机呢？这里好像没太阳什么事了：水轮是由水推动的。可水又是从哪儿来的，是怎么聚成水流的呢？要是地球上没有雨雪的话，所有的河流早该干涸了，而雨雪又是由太阳从地表蒸发的水汽形成的。

风的情况也完全相同，它其实是地表各部分受热不均而引发的空气流动。总之，地球上的所有能源都来自太阳。归根结底，我们肌肉和大脑活动的能量也来自太阳：人没有食物就活不成，而食物也是积聚在动植物细胞中的太阳能。

那么，太阳到底为我们提供了多少直接的热量呢？在一秒的时间里，太阳能向周围释放巨额的热量，足以融化一根直径4千米、连接着地球与太阳（也就是长达1.5亿千米）的冰柱！把这些太阳光的能量用蜡烛的数量表示，就是1275后面跟着24个0！在如此庞大的热量和光能中，只有不到十亿分之一传到了地球，但要维持地球上的生命已经完全够用了。

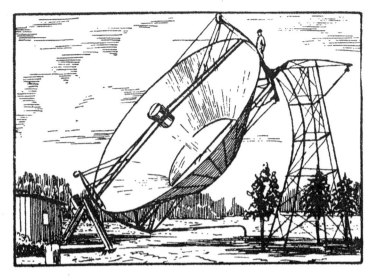

图 2-1　一种太阳能装置。画在上面的人是为了对比出聚光镜的大小。

太阳光中有很大一部分被大气层阻挡了——光线要穿越的空气层越厚（也就是太阳越接近地平线时），被阻挡的光线就越多。在大气层的边缘，垂直于太阳光方向的每平方厘米表面每分钟能接收约 2 卡路里的热量（1 卡路里等于把 1 克水加热 1℃的热量）；在地球表面，每平方厘米表面平均接收约 1.3 卡路里的热量[①]。当太阳位于天顶时，大气层会吸收其约 30% 的辐射，当太阳快落山时，则会吸收约 75%。尽管如此，地球每昼夜都能接收到极多的热量，加起来比人类 1000 年里烧掉的燃料的热量还要多呢！在不到一年的时间里，地球的陆地部分就能接收到相当于全球煤炭储量的能量。

太阳会熄灭吗？

对我们而言，这个问题自然没有多大意义。我们说太阳能"够用一辈子

---

① 太阳辐射的强度可以用一种叫作"日光辐射计"的专用仪器来测量。——原注

的"，但有思想的人总会去思考远超有机生命的界限的地球和人类的未来。事实上，太阳总不能一直往太空中释放如此庞大的能量却"不付出半点代价"吧！这些能量到底是从哪儿来的，又是怎么补充的，够用多长的时间呢？

这些问题不能说是完全解决了，但目前天文学家还是给出了相当让人安心的回答。自有记载的历史以来，太阳的能量并没有任何衰减的迹象。至于太阳能的储备是怎么补充的，这就是另外一码事了。有一种假说认为太阳的热量是靠其自身的逐渐坍缩来补充的，可按照这一说法来计算，太阳的热量储备顶多够用 1500 万年——而根据地质学家的研究结果，就连地球的年龄都比这大得多了。所以只能认为，太阳另有维持能量的办法，最可靠的推测是由元素的核聚变来提供能量，至于具体是怎么回事，目前依然是个谜团。

按天文学家的看法，太阳或许能维持数千亿年的寿命，除非有哪个星球偶然向它飞去，把太阳连着太阳系一块儿摧毁了；但这种碰撞的概率微乎其微，尽管理论上是有可能的。

太阳能装置

既然地球接收的太阳能如此庞大，那为何不利用太阳光来推动机器运作呢？这将是一种取之不尽，用之不竭的免费能源。

然而，只有在那些常年晴空万里的国家，太阳的热量才能得到有效的利用，否则太阳能装置就会长期闲置了。可就算是在炎热的国家，也不是日日夜夜都有持续的太阳光照。此外，如果想用太阳能把水加热，让水蒸气推动蒸汽机运作，那往往得建造一些极为庞大、非常复杂的设备。

为了把阳光集中在锅炉上，装置中采用了成套的曲面镜，曲面镜的倾角随着太阳在空中的运行而变化——目的在于更充分地利用太阳光的能量。尽管如此，造出来的设备的"有效功率"依然非常低下，也就是说，进入装置的能量中只有很少的一部分能用来做功。

尽管如此，太阳能装置也已经在部分国家运行了，比如埃及的开罗（舒曼站）和美国的加利福尼亚州等地。根据瑞士著名物理学家阿伦尼乌斯①的计算，舒曼站提供的能量的价值约为每千瓦时 5 戈比②。艾伯特教授在美国威尔逊山③的天文台下开设了一个"太阳能厨房"，不需要燃料也能为整个天文台提供餐饮。

近年来，美国和法国的学者以及俄罗斯物理学家维恩伯格④等对太阳能发动机的构造进行了一系列完善，这就让我们期待太阳能发动机的效率能得到显著提高。用寸草不生的大片沙漠来建造大功率的太阳能发动机，这难道不是非常伟大的前景吗？根据学者们的计算，仅仅是撒哈拉沙漠接收的太阳能的 1%，就可以满足 10 个地球的能源需求了。这样看来，问题就只是对技术进行完善了，而这也不是什么克服不了的难关。我们又不禁产生了用其他能源代替目前使用的燃料的想法，因为就连煤炭和石油的储量也是有限的，木柴就更不用说了，再考虑到能源消耗的迅速增长，就很难说它们够用多长时间了。

俄罗斯气象局的计划中有一项专门问题叫作"太阳能清册"，也就是对俄罗斯太阳能储备进行研究和统计。研究这些问题的是俄罗斯"太阳学家"——H.H.卡利金⑤、Б.П.维恩伯格等，最适合利用太阳能的是那些太阳较少被云朵遮蔽的地区——主要是气候炎热干燥的中亚共和国。正是在这

---

① 施万特·奥古斯特·阿伦尼乌斯（1859～1927），瑞士物理学家、化学家，因对电离学说的贡献而获得 1903 年诺贝尔化学奖。

② 俄罗斯电费是每百瓦时 2 戈比（戈比是俄罗斯最小的货币单位。——译注），也就是每千瓦时 20 戈比；这样看来，开罗的太阳提供的能量要便宜 4 倍。——原注

③ 美国加利福尼亚州东北部山峰。

④ 鲍里斯·彼得罗维奇·维恩伯格（1871～1942），俄罗斯物理学家、冰川学家。

⑤ 尼古拉·尼古拉耶维奇·卡利金（1884～1949），俄罗斯物理学家、气象学家，苏联日照测量学的奠基人。

些国家，维恩伯格教授与当地工作者一起建起了最早的太阳能动力装置。

К.Г.特罗菲莫夫在塔什干^①进行的工作具有非凡的意义：他在当地建设了全靠太阳能运作的澡堂、洗衣房、扬水机和盐水蒸馏器等；其中一些设备已经开始在工业上使用了。

我们为什么会被晒黑？

人人都知道，我们会被太阳晒黑，但却很少有人知道，会把人晒黑的并不是太阳放出的所有光线，而主要是其光谱中叫作"紫外线"的不可见光。这种射线作用于皮肤时会在其中形成一种特殊的物质——黑色素，这些色素能防止紫外线进一步深入机体细胞：过量的紫外线是有害的。不习惯晒太阳的人如果长时间暴露在日光下，就可能受到非常严重的灼伤，有时还会导致更加危险的机体功能失调。夏天去南方的人可能会迷上日光浴，但一定得把上面所说的情况记在心里。

不过，晒黑和晒伤并不只是南方才有的事，在纬度更高的地区乃至极北地区都可能发生。在高纬度地区，夏天的太阳升得相当高，且空气非常洁净，没什么灰尘，太阳光（包括紫外线）更容易穿透。我们一般以为，极地相比赤道只能获得非常少的热量和光照。然而，尽管极地的冬天有极夜和低垂于地平线附近的太阳，但到了夏天也有漫长的"极昼"和永不落山的太阳，这就在很大程度上平衡了冬季的光照不足。计算表明，极地平均每年能获得相当于赤道的 41% 的太阳能：这可不算少了！而在夏至日，北极获得的太阳热量比赤道还要多 36%^②。所以说那里也可能把人晒黑，实在是没什么好奇怪的；许多极地考察者对此都有亲身体验。

---

① 乌兹别克首都。

② 不错，这里没有考虑大气对光的吸收，但尽管如此，在短暂的夏天里，极地地区还是获得了相当多的热量。——原注

生命玻璃

登山客也面临着被太阳灼伤的危险，因为高山上的空气非常稀薄又很洁净，很容易让太阳光穿过。不过，在关着窗户的房间里是不会被晒黑的：窗玻璃能彻底阻挡的光线恰好是紫外线，而紫外线又是晒黑的元凶。少量的紫外线对机体无疑是有益的，能激发机体的生命力，所以很久以前发明家就开始研制能透过紫外线的玻璃了。石英便具有这种性质，石英灯的医疗功能就是这样来的，可是这种矿物太过昂贵了。德国人成功发明了一种叫作"生命玻璃"的廉价玻璃。在装有这种玻璃窗的房间里，哪怕只是开一盏电灯，房间里也能透过玻璃获得紫外线，不比在露天环境下差。然而，医生并不建议过度依赖这种玻璃，因为要是应用得过于广泛，人就会受到长时间的紫外线辐射，这对人体是弊大于利的。

离太阳越近就越暖和？

人人都会说，离太阳越近就应该越暖和。当然，假如能来到紧靠太阳的地方，我们就不是觉得暖和而是热到不行了，因为就连太阳的最外层都有6000℃左右。不过，如果不进行这种宏伟的星际旅行，而是留在地球的大气层中，那么离地表越远就会越冷。这一点登山客都非常清楚，飞行员也很了解，他们飞行时都要穿上厚厚的衣服来抵御寒冷的高层大气，哪怕夏天也是如此。

这究竟是怎么回事呢？原来，地球和靠近地表的空气层的主要热源并非太阳本身，而是被太阳加热的地表，它起到了类似炉子的作用。地表对最近的空气层有两种加热方式：一是通过微粒之间的热量传递——热传导，二是由于热空气比较轻，所以会被冷空气往上挤（"对流"）。此外还有一个重要的现象叫作"涡流"，也就是空气微粒在相邻区域的各种加热作用以及崎岖不平的地表的影响下，进行无规律的上下运动。在温暖晴朗的日子里，这种运动有时可以直接用肉眼观察到：地表附近的空气仿佛在颤抖、流动，地平线上的物体轮廓也显得模糊不清了。

第三章　高层大气

高层大气里发生着什么?

地表的热力究竟能传多远呢? 高层大气的温度又是多少呢?

这个问题自然早已引起了学者的注意，其解决的第一步就是乘气球飞到高空中测量温度。1901 年 7 月，气象学家贝尔松和修林[1]创下了当时气球飞行的最高纪录：10800 米，他们在那里测到的温度约为 –40℃。1931 年和 1932 年皮卡尔教授[2]的飞行，以及 1933 年平流层气球"苏联号"和 1934 年的"国防航空化学建设促进协会 I 号"[3]都大大刷新了这个纪录。这几次飞行会在下文中谈到。

然而，乘气球飞行是一项非常复杂的工作，加上人总是尽可能想让机器为自己代劳，所以在这方面也产生了类似的念头：能不能把仪器送到高空中去，让它自动记录那里的气温呢?

这种想法早在 1754 年就由罗蒙诺索夫[4]提出来了：他制作了一台"能将温度计和其他小型气象工具升到空中的小机器"。

同年 7 月 1 日的圣彼得堡科学院会议记录中写道："罗蒙诺索夫展示了他发明的机器，他将其称为'飞行机'。这台机器利用钟表的弹簧驱动机翼运作，从内部压出空气，机器便随之上升，从而通过其附带的气象仪器研究上层空气的状态。"

然而，这台机器的后来命运及其取得的成果如今已经不得而知了。

---

① 亚瑟·贝尔松（1859～1942）、莱因哈特·修林（1866～1950），均为德国气象学家。

② 奥古斯特·安托万·皮卡尔（1884～1962），瑞士物理学家、气象学家，平流层气球的发明者。

③ 以下简称"国航化 I 号"。

④ 米哈伊尔·瓦西里耶维奇·罗蒙诺索夫（1711～1765），俄罗斯学者，具有自然科学和文学艺术等多领域的才能。

图 3-1 法国大型探空气球（"爱空号"）的首次飞行（取自一幅旧图片）。

科学的气球飞行（下文中还会详细讲到）能成为现实应归功于两位法国人——艾米特和贝桑松（1893），但直到 1899 ～ 1902 年才由法国人泰瑟伦-德-波尔和德国人艾斯曼[①]利用这种手段进行了系统的研究。这几位完全有资格被称为"大气学之父"，也就是关于高层大气的科学的创始人。他

① 里昂·菲利普·泰瑟伦-德-波尔（1855 ～ 1913），法国气象学家，平流层的发现者。理查德·阿道夫·艾斯曼（1845 ～ 1918），德国气象学家。

们采用纸气球或充满氢气的其他材料制成的气球；悬挂在气球上的轻型仪器在整个航程期间记录下温度和气压，等气球破裂之后，仪器便乘着专门的降落伞落到地上。后来人们开始用橡胶制作气球，这样就方便得多了。

各国进行的一系列气球飞行揭示了一个出人意料的事实：只有在距离地表 10～12 千米之内，温度才会随着高度的增加而降低，最低可达 –55℃左右；超出这个范围后，不管高度怎么增加（有个别气球飞到了36 千米的高度），温度都几乎不变，甚至还略有上升。

这个结果乍一看非常不可思议，起初气象学家倾向于认为是仪器出了问题；但不论是什么时候、在什么地方，所有的飞行都测量到了类似的结果，所以也只好认为这是事实了。这种现象叫作"高层逆温"（温度的反向变化）：温度不仅不降低，反而还升高了。学者们很快就找到了理论上的解释：太阳的辐射能与地表反射回空中的能量之间有一个平衡点，因此在某个高度上理应形成一个恒温层。

距离地表 10～12 千米之内的大气，称为"对流层"。对流层中不断发生着气团的上升与下降，形成云朵、降雨和旋风；总的来说，这就是个既不平静又不稳定的区域。与整个地球的大小相比，对流层是非常渺小的：假如把地球描绘成一个直径 10 厘米的圆，那么这个圆的线条粗细（0.1 毫米左右）就对应着对流层的厚度。然而，这一层在地球的天气中发挥着最为重要的作用。

观察表明，对流层中每升高 100 米，温度便降低 0.5℃～0.7℃（夏天比冬天下降得快点），在对流层边界处可低达 –60℃～ –50℃。这个边界在赤道比极地更高，所以赤道处的对流层边界温度要比高纬度地区低。在中纬度地区，对流层的上限为 10～11 千米，边界温度约为 –55℃；对维多利亚湖（非洲赤道地区）的观察则表明，该处的对流层上限约为 16 千米，边界温度约为 –80℃。

对流层以上是温度几乎不变化的气层；很明显，那里并没有什么空气的上升或下降，只有水平方向的流动；所以这一层叫作"平流层"。目前平流层还研究得很少，其上限也不得而知。升到 36 千米左右的气球最后测量到的依

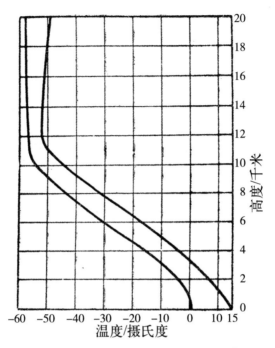

图 3-2　表示自由大气中的冬季（左边的曲线）和夏季（右边的曲线）温度随高度变化的曲线。曲线的转折处表示对流层已经到头，进入了平流层；夏季平流层的下限比冬季略高一点。

然是刚进入平流层时的温度。学者们对这个问题做出的推论也各不相同。有人认为，到了一定的高度，温度又会重新开始下降，在 80 千米的高度就跌到 –100℃以下了。也有人推测，高层大气的温度依然是递增的，最后会达到一个极高的数值。谁对谁错呢？目前还不清楚。高层大气的空气组成也不清楚，那里的东西能不能看作通常意义上的"空气"也不好说：早在 40 千米的高度，空气就已经比地表的空气稀薄一千倍了。

高空空气是由什么组成的？

在人类可达的高度内，空气的组成基本都是相同的：79% 的氮气，约

21% 的氧气外加少量二氧化碳、氩气、氦气和氢气的混合。其中每种气体都表现得和单独存在时一样，就好像它自己组成了一个特殊的大气。离地球越远，各种气体的压力就越低；而且气体越重，其压力随高度上升的下降速度就越快，因为重的气体会有更多留在低处。因此高度越高，空气中含有的重气体（氧气与氮气）就越少，轻气体（氢气与氦气）就越多。至于某个高度上的含量具体是多少，这可以根据低层大气中每种气体的含量来计算；但这是一项非常精细的工作，对于那些地球上含量极少的气体，只要在确定其低层含量时出现一点点误差，到了高层大气中就会得到相差

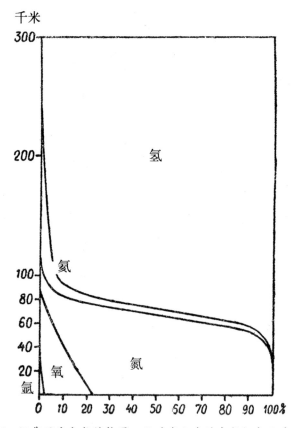

图 3-3　汉弗里氏大气结构图。60 千米之内的空气组成几乎不变。60 ~ 80 千米内的氮气含量急剧减少，氢气和氦气跃居其上。200 千米以上就是氢气层了。

甚远的结果。因此，不同的气象学家作出的高层大气组成图示也各不相同。以下提供一个最新版的图示——汉弗里[1]氏大气结构图。

大炮对大气结构有什么说法？

事实上，大炮对这个问题可是很有发言权的。人们发现，在非常强劲的炮火射击（或爆炸）下，射击地点周边一定距离内可以清楚地听到炮声，超出这个距离就听不到了，但过了一段距离后（100千米左右）又听到了。这个"静音区"是怎么来的呢？我们很自然地推测，声音再次出现是声波被不同密度的空气层之间的边界反射的缘故。计算表明，这个边界应该位于离地70千米左右的高度。这个高度与汉弗里算出的氢气层的高度大致相等。

有趣的是，对黄昏时天光的观察也表明了这个高度的存在。如果在晴朗的黄昏仔细观察日落后的天空，我们会发现天空并不是逐渐变暗，而是"一蹦一跳"地；地平线外仿佛有几道连续的光弧在依次降落。当太阳落到地平线以下8°时，第一道光弧便会熄灭。计算表明，这个现象是距离地表11千米处的空气层反射阳光的结果；这正是对流层的边界。当太阳落到地平线以下17°时，第二道比较弱的光弧也会熄灭；这个反射层的高度大约是74千米；很明显，这就是汉弗里假设的氢气层，而且也得到了大炮的证明。此外还有第三道非常微弱的光弧，其消失时间对应着200千米高处的某个空气层。在此之后，黄昏就过去了，夜幕就降临了。这些现象在凌晨日出之前也能看到，但顺序是相反的。

---

[1]　戴维·汉弗里（1778～1829），英国物理学家、化学家、地质学家，电化学的奠基人。

北极光与神秘的绿线

我们下面要谈到极光。这是一种壮丽的天光——就好像我们在通电的克鲁克斯管①中看到的发光现象，只不过规模要大得多了。克鲁克斯管里的空气极其稀薄，和高层大气的情况差不多。近年来，人们成功拍到了各种北极光现象的照片；通过在两个距离已知的观察站拍摄同一道极光，挪威学者施特默尔算出了极光的高度。结果发现，极光是在距离地表 90 ～ 700 千米的高处发生的。也就是说，700 千米的高处依然残留有某种气体，因为真空中是不会有发光现象的。这究竟是什么气体呢？

人们在北极光的光谱中发现了一条特殊的绿线，这条线在地球上一切已知元素的光谱中都不见踪影。物理学家们直到今天还在为这个问题苦恼。德国气象学家 A. 魏格纳②猜想，大气的顶层是由一种非常轻的气体组成的"地冕"；他的依据是，这条绿线在日冕（太阳大气的最外层）的光谱中也能找到。挪威学者维加尔德则推测，神秘的绿线来自晶体化的氮，这种氮以极为离散的状态游荡于太空中。不错，他是成功地在实验室里制成了晶体化的氮，其光谱中也呈现出了类似的绿线。但这两个理论都遭到了非常强烈的反对，目前只能说，关于绿线和顶层大气组成的问题依然悬而未决。从最新的研究成果来看，这条绿线最有可能是来自氧气，其原子在阳光中的紫外线的影响下变成了一种特殊的状态。

---

① 即阴极射线管，一种电子元件，通电时可以在阴极对面看到绿色的荧光。

② 阿尔弗雷德·洛萨·魏格纳（1880 ～ 1930），德国物理学家、地质学家、气象学家，大陆漂移说的创始人。

防中暑的大气屏障

不久前法国学者的研究显示，35 ～ 40 千米高度的大气中有一个臭氧层，它非常稀薄，但对地球居民的意义极其重大。据认为，这一层能阻挡对机体有害乃至会致命的太阳辐射。臭氧层的密度有时会发生变化。有些学者便用这种密度变化（等于说太阳辐射的穿透力的变化）来解释，为什么有时候炎热地区的中暑现象会变得特别频繁。

1929 年，巴黎举行了研究大气臭氧的国际大会。结果发现，臭氧的分布在不同季节和不同天气条件下都有所不同，但原因目前还不太清楚。

乘火箭上平流层

高层大气中有着数不清的趣事：那里有不少谜团排着队等我们去解答。只不过要上平流层并不是一件容易的事情。近年来，汉弗里设计了一种仪器去测定高层大气的空气组成：发射一台火箭，其弹头中安装一个密封的管子；管子与周围的空气隔绝（尽可能地把里面的空气抽出去），并浸在水里或封在冰块里。当火箭飞到最高点时，管子的末端自动断裂，等外边的空气流进去后，管子又自动封了起来。此时火箭会发出一个光信号，地球上的人便据此确定它的高度。假如汉弗里的计划顺利实现的话，我们就能得到一管从特定高度采集的空气。泰瑟伦 - 德 - 波尔已经利用气球上的仪器采集到了这种空气样本，但火箭的采集高度是气球所难以企及的。

当然，要想实现这个计划，就得先克服一系列技术难关，但问题无疑是可以解决的。既然我们都期望终有一天能乘火箭进行星际旅行，那么乘火箭上平流层就不是遥不可及的事情了，更不用说向平流层发射无人火箭了。

乘气球上平流层

不管火箭能把任务完成得多好，由人亲自去观察才是最好的！这不，有位学者就决定实施一次大胆的飞行，飞上此前从未有人到过的高层大气。此人便是布鲁塞尔的瑞士裔教授皮卡尔，他因这次飞行而闻名遐迩。

尽管这次空中探险计划得非常周密，1930 年的首次试飞还是以失败告终。但在 1931 年 5 月 27 日，皮卡尔与助手基普菲尔再次在德国的奥古斯堡登上了专门的气球。这个气球的体积有 14000 立方米，在地上时只吹了 1/6 的大小；随着气球的上升，其形状会越来越接近球体，到了 15 千米的高空中，其直径能达到 30 米长！两名探险家待在一个铝球吊舱里，吊舱经过气密处理，确保他们能呼吸到正常组成和正常压力的空气。吊舱的表面涂成黑色，以便吸收阳光并获得热量。

气球上升得非常快，才过了 20 分钟就快升到 16 千米的高空了，约为 9 米 / 秒。由于上升速度太快外加一开始的碰撞，气球上有几台仪器损坏了，操纵装置也出了故障。因此，两名勇敢的气球航行家只好在 16 千米的高度停留了 16 小时，且由于吊舱里的空气有限，逗留太久会有窒息的危险。还有个问题就是阳光的"加热"效果太强了，尽管周围的气温极低（约为 -55℃），气球里的温度却高达 40℃。最后，两人成功降落在古格尔村（蒂罗尔州）①附近山区的冰川表面上，当时已经是深夜时分了。

这次飞行引发了巨大的轰动。无数记者和群众聚集到这小小的蒂罗尔山村，搞得当地的东西都不够吃了，只好从因斯布鲁克②运来更多的粮食！可皮卡尔本人呢，尽管已经飞到了前所未有的高度，却还是对飞行的结果

---

① 奥地利西南部地区。
② 奥地利西南部城市，蒂罗尔州首府。

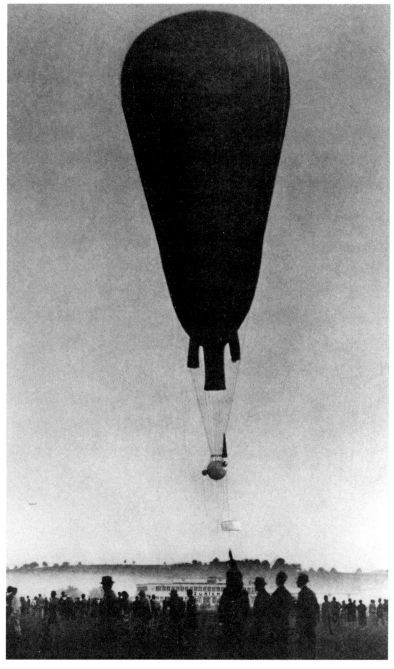

图 3-4　皮卡尔与助手基普菲尔于 1931 年 5 月 27 日从德国的奥古斯堡起飞。

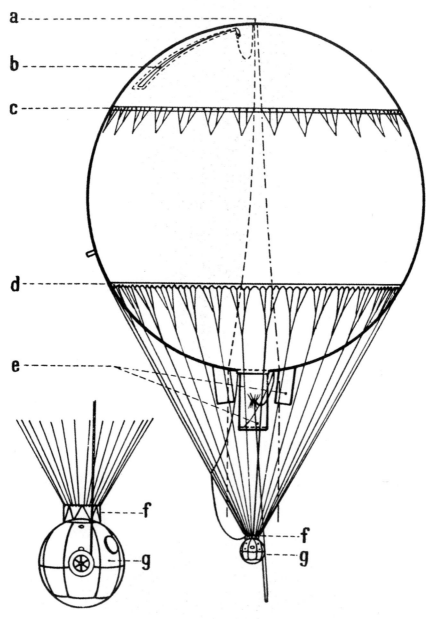

图3-5 皮卡尔的平流层气球结构示意图。

不满意，因为仪器出了问题，飞行高度没法调节，害得他没有机会去进行事先设想的一系列观察；他当即决定再实施一次勇敢的飞行。

不可见空间的射线

皮卡尔的主要任务是研究"太空射线"。事实上，空气具有一定程度的放射性，这似乎是源自土壤中的放射性物质。但低空的气球飞行发现，空气的放射性不仅没有随着高度的上升而减弱，反而还增强了。这就说明，除了土壤之外，空气的放射性还有其他来源；这种来源可能在太阳上，也可能是在更遥远的地方，在宇宙空间深处的星球上。各国学者努力想探明这些穿透厚厚的大气层来到地表的"宇宙射线"的来源。随着高度的增加，大气的吸收作用逐渐减弱：在 16 千米的高空中，更高层大气的吸收率就只剩整个大气的 1/10 了，要是再升到更高的地方，他就有机会研究更"纯粹"的宇宙射线了。因此不难理解，学者们总想努力到达更高的地方。

第二次平流层气球飞行

1932 年 8 月 18 日，皮卡尔从苏黎世[①]机场起飞，再次乘着同一个气球升上了平流层；这次与他同行的是科金斯博士[②]。皮卡尔预先采取了一系列措施，防止气球上升得太快，确保能对气球的高度进行调节。这一次他成功升到了比上次高 500 米的地方；这个高度（16500 米）是在起飞后约 7 小时达到的。同一天晚上，气球顺利地在意大利着陆。有趣的是，吸取了上次"过热"的教训后，皮卡尔把吊舱刷成了白色。这一回吊舱就不是吸收阳光，而是反射阳光了，结果里面的温度降到了 -15℃，把两

---

① 瑞士北部城市。
② 马克斯·科金斯（1906 ~ 1998），比利时物理学家、发明家。

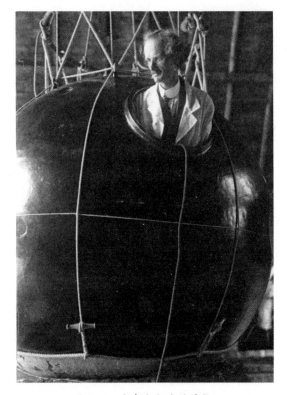

图 3-6 皮卡尔气球的吊舱。

位飞行家冻得不轻。对此皮卡尔非常合理地指出，其实应该把吊舱刷成灰色的。

平流层飞行的印象

下面是从皮卡尔的飞行日志和文章中摘抄的几个片段，文章的译文刊登在 1932 年秋的《消息报》上。

"5 时 45 分。气压 257 毫米汞柱。两分钟后，几乎已变成球形的气球升到了 8500 米——也就是珠穆朗玛峰的高度。吊舱里形成了薄薄的白霜……由于外边十分寒冷，吊舱表面很快就裹上了一层美丽的霜。"

图 3-7　皮卡尔与助手基普菲尔头戴特制的头盔，准备进行高空飞行。

"7时11分。气压93毫米汞柱。吊舱底板的温度为–5℃，与人等高处的温度为1℃。吊舱像水晶洞一样闪闪发光，挂着细细的冰针和冰柱……"

"10时36分。气压73毫米汞柱。天空不再是蓝色，而是介于深紫色与青灰色之间的颜色。"

"12时13分。高度约16500米。阀门打开，以尽快降落到意大利。降落开始。"

"正如古代水手学着在海图上标出首次发现的海域一样，我们也学会了在地图上标出无人居住的天空，而这片天空迟早会成为通信和交通的'气球路'……我的最近一次飞行表明，平流层飞行可以毫无危险地进行。气球操控依然有待改进。我们确信，吊舱涂成银色和涂成黑色一样都不理想。一年前我们在黑色吊舱里饱受灼热之苦，而这一次我们要忍受–15℃的严寒，吊舱外面的温度计读数在–60℃～–50℃。"

宇宙射线是什么？

皮卡尔谈自己的第二次飞行：

"尽管我们还在对科金斯和我观察到的结果展开研究，但我们已经掌握了足够的知识，坦白地说至今都还没有得出确定的结论，宇宙射线依然固守着自己的奥秘。接下来还得进行大量的气球考察，至少要在极地做一次顺利的飞行，在那里可以对磁力波的作用进行观察……不管未来的发现如何，我们都相信在不久的未来就会取得很大的进展。

阐明宇宙射线的性质，这或许对实用技术的进步也有意义，想必也是读者首先关注的焦点。我想到的——这可不是白日梦，而是清醒的想法——是未来的廉价能源，也就是将我们身边无处不在的原子和分子分裂，从中获得取之不尽用之不竭的能量。尽管这一设想的实现还有待未来几代人的努力，但它已经不再是梦想，而是物理学中一项切实可行的任务了。"

第四章　气温

是谁发明了温度计？

　　早在古希腊时，人们就知道物体有热胀冷缩的性质，但用这一点来测量空气或其他物体的温度还是伽利略的创举。伽利略的温度计是由一个玻璃球和一根连在小球下面的细管组成的，管子口朝下地插在装满溶液的容器里。把管子插进溶液里之前，先对小球稍微加热，使得部分空气从小球里逸出。如果把装置移到更冷的房间里，小球里的空气就会收缩，管子里的液面便会上升；如果周围变热了，小球里的空气就会膨胀，管子里的液面便会下降。

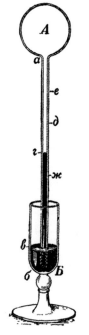

图4-1　伽利略的"观温镜"。

　　很明显，这个装置只能用来判断环境是变热了还是变冷了，至于变了多少就测不出来了；伽利略本人也把这个装置叫作"观温镜"，也就是说它只能指示温度的差别，而不能测量这个差别。此外，管子里的液面不仅取决于温度，也会受气压的影响。要制造出我们如今所说的"温度计"，就得先把管子里的液体同外界的空气隔离开，然后标出用来测量温度的定点。

　　这些必要的完善也都渐渐实现了，17世纪的惠更斯[①]就发现，水的冰点和沸点都是固定的，于是他提出把水的冰点和沸点作为温度计的定点。1724年，华伦海特[②]

----

① 克里斯蒂安·惠更斯（1629～1695），荷兰物理学家、数学家、天文学家、发明家。

② 加布里埃尔·丹尼尔·华伦海特（1686～1736），荷兰物理学家、发明家。

又更进一步，确定了水的沸点还会受气压影响；但当时已经发明了气压计，所以把气压纳入考虑也就不难了。华伦海特是一位娴熟的玻璃技师，制造出了非常出色的温度计，但他选择的最低定点并不是水的冰点，而是当时他所知的最低温度——水、盐与氯化铵的混合物的冰点。他把这个冰点设为 0 度，再把它与纯冰的融化点之间的部分划分为 32 等份；这样一来，他就确定了 1 度的大小。在他的温度计上，水的沸点是 212 度。这种华氏温度计直到今天都还在英国、英属殖民地和美国使用。

我们这儿常用的列氏温度计最早是由列缪尔[①]制作的，里面的液体不是水银，而是酒精的水溶液，水的冰点的刻度为 1000、沸点的刻度为 1080。后来 1000 被去掉了，只剩下 0 度和 80 度。后来的德吕克[②]保持 80 度刻度不变，用水银取代了酒精，并且正确地确定了水的沸点（列缪尔没有考虑到气压的因素）。因此，我们的室内温度计确切来说应该叫作"德氏温度计"，而不是"列氏温度计"。

在气象学和其他科学中，通常使用的是瑞典人摄尔修斯[③]发明的摄氏温度计；在这个温度计上，冰的融化点与水的沸点之间被划分为 100 等份。摄氏温度计通用于世界各国，只有英美除外，这两国就连学术文章里都坚持使用华氏温度，尽管这样做会带来种种不便。

列氏温度与摄氏温度之间的相互换算非常简单，不费什么工夫就能靠心算完成。而华氏温度的情况就麻烦多了，这不仅是因为它的两个定点间被划分成了 180 等份，还因为它的零度比列氏温度和摄氏温度的零度还要低 32 度（华氏温度）。因此，首先得从华氏温度的数值中减去 32，然后把这个数字乘以 100/180，也就是 5/9，才能得到对应的摄氏温度；或者乘以

---

① 勒内·安托万·福柯·德·列缪尔（1683～1757），法国动物学家、物理学家、数学家。
② 让·安德烈·德吕克（1727～1817），瑞士地质学家、气象学家。
③ 安德斯·摄尔修斯（1701～1744），瑞典物理学家、天文学家。

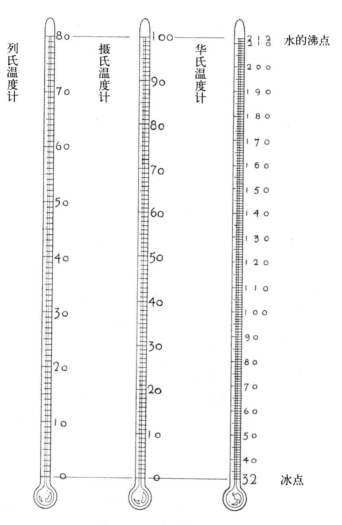

列氏温度计 摄氏温度计 华氏温度计

水的沸点

冰点

图 4-2　三种温度计的对比图。

80/180，也就是 4/9，才能得到对应的列氏温度。这要心算就不太方便了。不过也有个更简单的办法能把华氏温度换算成摄氏温度。从华氏温度的数值中减去 32，取得数的一半再加上其 1/10、1/100 等，便能得到对应的摄氏温度；或者减去其 1/10、1/100 等，便能得到对应的列氏温度。举个例子，已知的温度为 150 ℉，那么先从 150 中减去 32，得 118；118÷2＝59。

然后这样计算：

换算成摄氏温度：59.00+5.90+0.59＝65.49。

换算成列氏温度：59.00−5.90−0.59＝52.51。

只要熟悉十进制分数，就不难检验这条规则的正确性，因为它只是把最前面的规则换个形式罢了。对阅读英语文章的人来说，这条规则都可能派上用场。比如颇受欢迎的杰克·伦敦[①]的作品中可能会出现一些匪夷所思的温度："严寒"中的温度计为 0 度，"病人体温 105 度"，等等，这是因为译者忽略了美国人用的是华氏温度。

今天几度？

要回答这个问题，我们首先会看看温度计。可是，温度计可能挂在有日照的南面，也可能挂在晒不到太阳的北面阴影中；可能挂在朝向院子的窗户上，也可能挂在通风的地方。就算这些温度计的示数都正确无误，也不难料想它们指示的温度并不相同。

对日常生活来说，这基本是无关紧要的：更重要的是知道外头是冷是热，出门该穿什么衣服，等等，至于两三度的温差就无所谓了。但对精密的科学测量来说就行不通了。举个例子，如果我们要比较两个不同的地方的气温，就得确保是在相同的条件下进行测量，否则就无法解释温度的差异从何而来。气象学上的测量可以精确到十分之一度。因此在科学测量气温时，通常都会按照特定的方式放置温度计。温度计安装在一种特殊的小亭子里，亭子有几扇朝北的开口。亭子的墙壁做成百叶窗状并涂成白色；空气可以透过墙壁自由流通，但太阳无法直接加热到温度计和亭子本身。亭子里的温度计必须安装在离地 2 米的高度。这种安装方式通行于各国，以确保其观察结果

----

① 　杰克·伦敦（1876 ～ 1916），美国著名作家、社会活动家。

图 4-3 俄罗斯各地气象站采用的英式气象亭。可以看到里面的温度计和湿度计。

可以相互对比。之所以选择这个高度，是因为那里的空气已经基本摆脱了地表的歪曲影响。

日常生活中常会听到这样的说法："今天太阳下多少多少度。"然而却很少有人会想到，这个说法其实毫无意义。如果说阴影中的温度会因温度计位置不同而存在 2℃～3℃ 的波动的话，那么阳光下的温度就连波动范围都很难确定了，因为温度计的位置、阳光的照射角度、附近的物体等都会影响测得的温度。在同一个地方、同一个时间，两个放在"太阳下"的温度计可能给出完全不同的示数。如不考虑在特殊环境下作特殊观察的需要，气象学上的气温始终指的是阴影中的温度。

正常气温、平均气温与极端气温

我们常听人说"气温低于正常水平"或"高于正常水平"。随便找一天去看看列宁格勒地球物理总观测台的气象公报，你会发现公报上有当天"自 1743 年以来的正常气温"。这个正常气温究竟是怎么回事呢？

其实，这只不过是多年同日观测的气温的算术平均数，在上文的例子中便是 1743 年至今。气象站一般每天进行三次观测：当地时间上午 7 点、下午 1 点和晚上 9 点。这三个气温的平均数叫作"当天的日平均气温"[①]。如

[①] 准确来说，计算日平均气温时本应观测 24 小时，对每个小时的气温取平均值，但连续观测 24 小时是非常困难的事情，所以一般是选定三个气温取平均值，这样算出来的结果也相差无几。——原注

果想知道 1 月 15 日的正常气温，便取 1743 年直到去年每年 1 月 15 日的日平均气温，加起来后除以年份总数。这就是 1 月 15 日的"日正常气温"。

但并不是所有的平均气温都能叫作正常气温。只有根据多年观测求出的平均气温才有这个资格。假如我们只取了两年的数据，就可能偶然地求出太高或太低的平均数，而不是列宁格勒典型的平均水平。所取的年份越多，平均数出现偶然偏差的概率就越小。具体要取多少年才能求出可靠的平均数（气象学上通常精确到十分之一度）呢？这个问题就要由一门特殊的数学科学——概率论来解答了。

正常气温是表示当天最常见的气温，还是表示当天应该观测到的气温呢？都不是。"正常气温"其实并不是现实的气温，而是一个假定的数值，严格说是个从未观察到过的气温；当然也有可能某年 1 月 15 日的气温恰好等于多年来当天的平均气温——但这纯属巧合。不过，这个正常气温还是有意义的：比较一下某日列宁格勒的平均气温和雅尔塔的平均气温，前者当然就低得多了。由此可见，平均气温表示的是各地的典型气温。但它的气象学意义绝不类似于人的正常休温的医学意义：人的正常体温永远是 37℃左右，只要偏离了零点几度就足以说明身体出了问题。而气象学上的实际气温可能与正常气温相差甚远。然而，如果把个别年份观测到的气温偏差单独拿出来看，高于正常气温的用正值表示，低于正常气温的用负值表示，那么这些偏差的总和刚好等于零。

我们前面说的是日正常气温，其实也可以用同一个办法求出月正常气温和年正常气温。取平均数的时期越长，每年的随机偏差就越少。两年同日的温度可能相差甚远，差值高达 10℃～ 15℃乃至更多；而某些月份的平均气温，比如说一月或七月吧，也可能在某些年份中呈现出差异，但相比之下已经小得多了；而两年的平均气温一般只相差零点几度。因此，要求可靠的日平均气温，就需要多年的数据，而要求年平均气温，需要的数据就少得多了。

　　到底需要多少年的数据才能求出一天的平均气温呢？这可以从下面的曲线图中看出来。图上标示了 118 年间（1743 ～ 1860 年）列宁格勒的每日平均气温。平滑的曲线表示理论上的气温走势，排除个别的随机影响。由此可见，尽管真实曲线与理论曲线的整体走势相仿，但还是有许多小地方的曲折偏差。这可是 118 年的数据啊！假如只取十年的数据的话，就更不止这一点儿曲折了。很明显，同一个气象站的多年观测具有非常重要的意义。

　　为了确定某地的气温特征，平均气温显然还是不够的。假设有个地方的夏天特别热，冬天特别冷，另一个地方的夏天和冬天都比较温和。两地的年平均气温有可能相当接近，而气候条件却截然不同。还可能会有两个地方的日平均气温差不多，但其中一个地方昼夜温差很大，另一个地方昼夜温差很小。因此除了平均气温之外，还得了解气温变化的极限值才行。

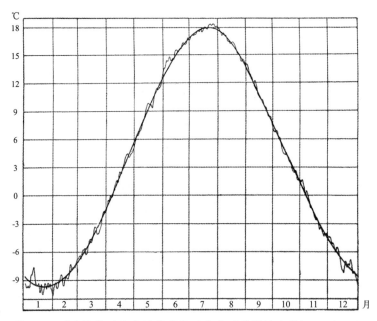

图 4-4　列宁格勒理论上的年度气温走势（平滑的曲线），以及 118 年间观测到的每日实际气温（曲折的曲线）。

总之，在处理平均数时必须特别小心谨慎，一定要记住平均数只是假定的数值。你可知道，地球的影子的平均长度比地月之间的距离还要短？要是只按这"平均数"来考虑，那就会得出"月食不可能发生"的结论了。但我们知道月食是会发生的——地球的影子最长的时候比地月之间的距离要长 [1]。

有个笑话讲的是一个有数学头脑的猎人，他坚持说自己射中了兔子，因为一发子弹偏向兔子右边，另一发偏向左边，且偏离距离相同；既然如此，平均一下就刚好打在兔子身上了。

地球上哪儿最热，哪儿最冷？

理论上看，年均气温最高的地方应该是赤道和赤道附近地区，因为那里获得的太阳热量最多。最冷的地方应该是极地，因为那里差不多有半年都暗无天日。但事实上，气温最极端的是在赤道以南，在没有风和海洋去缓解酷暑的地方。

世界上最热的地方是红海岸边的马萨瓦：那里终年炎热，年均气温高达 30℃！不过，马萨瓦的极端气温还比不上美国加利福尼亚的死谷。死谷离赤道还很远（北纬 36°～37°），是一片四面环山的谷地，长约 130 千米，宽约 13 千米，高度为海平面以下 67 米。那里几乎吹不进风，也没有能缓解酷热的水域，因此夏季的平均气温有 34℃，单单是七月就高达 39℃，个别时间观测到的温度竟超过了 50℃；其中最高的记录是 56℃。要是人落到了这酷暑中，哪怕是躲在阴影里，都很难想象会有怎样的感受！

这还不是地球上唯一如此酷热的地方。在撒哈拉、苏丹和新南威尔士（澳大利亚）等地都曾多次观测到略低于上述记录的温度——约 55℃。连

---

[1]　月食发生的原理是地球处于太阳和月球之间，且地球的影子遮住了月球。

空气都这么热，土地就热得更厉害了，因此毫不奇怪，那里的沙子可以煎鸡蛋，也绝不建议赤脚在地上行走……地理学者奥布鲁切夫[①]曾在中亚沙漠中测量到 60℃～ 70℃的地表温度。

说到寒冷的地方嘛，最冷的应该是冬天湿度很低、云朵很少的北方地区，因为这会加剧地表散热造成的降温。在没有大陆的北极地区，显然是观测不到特别低的温度的；北半球的"寒极"一般认为是雅库特共和国[②]的上扬斯克，那里的一月平均气温为 -51℃，1892 年 1 月观测到了 -70℃的极端温度。那里的一月正常气温放到北欧都是从未有过的严寒。一般人很难忍受这样的严寒，唯一能缓解这种情况的是，上扬斯克的空气非常干燥，且严寒的天气下通常不会刮风。西伯利亚人说，他们那里的 -40℃～ -30℃比列宁格勒的 -20℃还要"暖和"。由于人对冷热的感受不仅取决于气温，还受湿度和风力的影响，所以西伯利亚人的说法也有一定的道理。

近年来出现了一个"寒极"头衔的竞争者，那就是奥伊米亚康；该地位于北纬 63°，上扬斯克以南，同样是在雅库特共和国。由此可见，上扬斯克附近的广袤地带都有极为严酷的寒冬；而奥伊米亚康位于四面环山的盐地里，这就为冷空气的聚集提供了极佳的条件；所以，那里的冬天说不定真比上扬斯克还要冷。目前在那里进行的观测还很少。

很明显，格陵兰内陆地区和南半球的南极洲也应该有极低的气温，但目前几乎没有任何观测资料。

在 1929 ～ 1930 年的南极考察中，贝尔德[③]观测到了极低的气温——-72.4 ℉，相当于 -57℃（1929 年 7 月 28 日）；在那里，一年中有三分之一的日子的平均气温低于 -40℃。

---

① 弗拉基米尔·阿法纳西耶维奇·奥布鲁切夫（1863 ～ 1956），俄罗斯地理学家、旅行家、作家。
② 俄罗斯西伯利亚东北部的自治共和国。
③ 理查德·艾文·贝尔德（1888 ～ 1957），美国航海家、极地科学家，曾组织四次南极科考。

水里的温度与地上的温度

水升温比陆地慢，放热也比陆地慢，就好像把热量存起来似的。这也就是海边相比陆地更加冬暖夏凉的原因，且海边白天不太热，晚上也不太冷。在离海很远的地方，冬夏温差和昼夜温差都非常大。假如地球上没有水的话，这些温差就无法得到平衡，地球上的温差就会变得跟月球上一样显著——月球向阳面的温度高达80℃，而背光面的温度低达–120℃；即使不是如此，起码也会比我们现在观测到的温差大得多。就算生命没了水也能存在，地球上的生命条件也会比现实中恶劣得多了。

"星辰的低语"

–48℃以下的严寒中会发生一种特殊的现象，雅库特人[1]把它叫作"星辰的低语"，可能是因为这样严寒的天气下常常有晴朗的星夜。人呼出的湿气一瞬间就在空气中冻住了，还会发出一种特殊的爆裂声，好像干草的沙沙声或撒谷子的声音。列斯科夫[2]在短篇小说《天涯海角》中描写了这种现象：

"四周变得一片死寂，我能听到自己体内的脉搏和呼吸，像干草一样沙沙作响，如果用力呼一口气，就好像有电火花在稀薄得叫人受不了的严寒空气中静静地闪出一道光芒，这空气是如此干燥、寒冷，就连我的胡子都一根根冻透了，变得跟铁丝一般扎人，然后就折断了。"

---

[1]　俄罗斯西伯利亚东部的土著民族。

[2]　尼古拉·谢苗诺维奇·列斯科夫（1831～1895），俄罗斯作家。

第五章 湿度、蒸发与雾

空气里有多少水？

空气里含有水蒸气，也就是在阳光加热下从海洋、湖泊、河流表面蒸发出来的水分。在俄罗斯的纬度，空气里的水蒸气含量从 0.3% ～ 2.5% 不等，取决于当地的气温状况。每个温度下的空气湿度都有一个极限：如果水蒸气含量超过了这个极限，多余的水蒸气就会变成水分离出来。空气越热，能容纳的水蒸气就越多。一立方米空气中的水蒸气克数叫作"绝对湿度"。

在气象学和日常生活中，用处更大的是所谓的"相对湿度"，也就是一立方米空气中的水蒸气与同温度下令空气达到饱和所需的水蒸气的含量之比。正是空气与饱和状态的接近程度决定了"干燥"和"潮湿"的体感；多余的水蒸气之所以会分离出来形成露水、雨水、雾气和云朵等，也是受了这个因素的影响。

相对湿度以百分比表示：完全饱和为 100%；最常见的相对湿度在 50% ～ 75%。

牧人和水手是怎么预测天气的

游牧民族（比如阿尔卑斯山的山民和高加索民族）常常能根据羊的状况预测潮湿的天气：羊毛很容易从空气中吸收水分，在较高的相对湿度下就会变湿。摸一摸羊毛，发现羊毛变湿了，牧人有时就能预测出即将到来的是潮湿天气、雨天或雾天。

据说古代水手晚上会在甲板上铺羊毛，用来收集夜间降温时从空气中分离的淡水。乍一看，这种手段似乎收集不到多少水分；然而根据古人的观察，如果晚上在井水上空悬挂一磅羊毛，到了第二天清晨，羊毛的重量差不多能翻一番。早在 15 世纪初，库萨的尼古拉[①]主教就提出把一束羊毛放在秤盘上，根据其增重状况来确定空气的湿度，这就是湿度计思想的萌芽。

用来编绳子的树皮纤维具有遇湿膨胀的性质；因此，在干燥的天气下打得很松的结子，到了潮湿天气下就会因为绳子缠卷而收紧，要解开就更难了。由于湿度上升往往是潮湿天气即将到来的一个征兆，所以水手会根据收紧的绳结来预测潮湿天气。

女人的头发有什么用？

俗话说："女人头发长，见识短。"话说得非常不敬，但女子的秀发其实是确定湿度的一种非常方便、无可替代的手段。人的头发和其他纤维一样，都具有遇湿则长、遇干则短的性质，而且变化的规律性很强，可以用在真正的测量仪器中。俄罗斯气象站的湿度计就采用了脱脂的女性头发，其一端固定，另一端与湿度表盘上的指针相连。金发女子的头发更细更软，所以比黑发女子的头发更适合用在湿度计上。

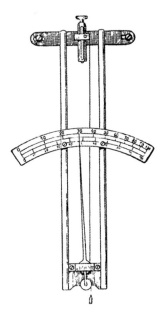

图 5-1　头发湿度计。

当然，这种仪器必须经常对着更精密的仪器进行校正：总不能全靠女人的头发吧……头发湿度计是一种相对湿度计；要做更精确的测量，就得用所谓的"干湿球温度计"。当气温降到令空气饱和的温度以下时，多余的水蒸气

---

① 库萨的尼古拉（1401～1464），中世纪德意志神学家、哲学家。

会变成液态分离出来。如果已知空气的温度和水分开始分离的温度（"露点"），就可以根据表格计算相对湿度了。为了确定露点，可以给温度计的镀银小球降温，观察上面什么时候开始冒出水珠；温度计出水时的示数就

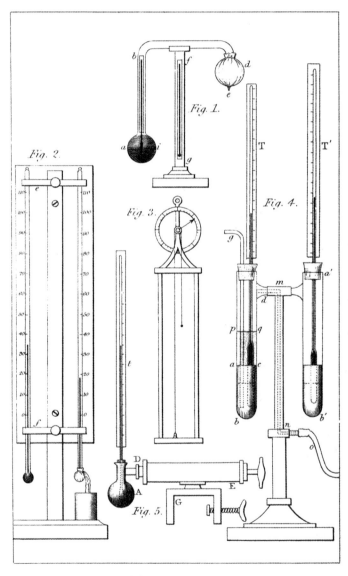

图 5-2　几种湿度计。

是露点。

　　这种干湿球温度计也有不便之处，那就是很难准确判断降温出水或升温去水的时刻。所以更常用的是另一种干湿球温度计，它由两个相同类型的温度计组成；其中一个温度计的小球包上细亚麻布，亚麻布的末端浸在一杯纯水里。亚麻布上的水分蒸发会导致温度计的温度下降，所以它的示数会比另一个干燥的温度计低。可以按照专门的表格，根据其中一个温度计（"干温度计"或"湿温度计"）的示数来计算湿度。当温度低于 0℃时，就得把杯子拿走，等观测前再把亚麻布弄湿；当温度低于 5℃时，这种仪器就不准确了。

夜里会降温吗？

　　这个问题对菜农、园丁和农业工作者来说都非常重要。虽然无法给出完全肯定的回答，但还是能从气温的观测中看出某些迹象。如果气温达到了"露点"，接下来一般就不会再降低了，因为水蒸气液化时会放出隐藏的热量，使得气温上升。所以说，如果晚上的露点高于 0℃，降温的可能性就微乎其微。由于露点本身很难确定，我们只能以干湿温度计的示数为基础，按照示数外加实验数据来推测露点。用干湿温度计来预测降温的方法有很多，尽管目前还没有哪个是绝对可靠的。米赫尔松教授针对俄罗斯的中纬度地区提出了一个征候：假如晚上 9 点（气象站的晚间观察时段）湿温度计的示数在 5 月和 6 月高于 5℃，在 4 月和 9 月高于 6℃，就不太可能出现霜冻。

　　预测霜冻还有一个麻烦，那就是多数气象站只观测离地 2 米高的气温，而最低气温通常出现在地表和靠近地表的空气层中；如果地里种有庄稼，最低气温刚好就落在它们顶上了。为了防止庄稼被冻坏，有些种植园（比如甜菜种植园）会种点大麻；大麻一方面能为庄稼保暖，减少散热导致的热量流失，另一方面能形成一层更高的植被表面，替庄稼承受最低气温。

要解决霜冻问题，就需要由各地的气象站进行尽可能多的观测，而哪怕是最简单的设备都得花钱购置，还得进行一些观测方面的培训，所以有专家建议用对低温敏感的植物来充当"温度计"，比如黄瓜、菜豆等。把这些植物种在田里的不同位置、不同高度等，就能确定什么地方受到的霜冻最厉害、各个高度上的降温状况如何、降温的强度如何等。

为什么城里比郊外更经常起雾？

如果温暖湿润的空气在散热作用或一股突如其来的冷空气的影响下发生冷却，当它的温度降到露点时，其中的多余水分就会形成微小的液滴分离出来，这就形成了雾气。因此，雾气常常形成于沼泽、湖泊或河流等水域的上空，因为那里的空气比较湿润，更容易进入饱和状态。干旱地区在大冷天里也不会起雾，因为那里的水蒸气太少，即使空气明显降温也不会达到饱和状态。

表面上看，城里并没有什么特别潮湿的地方，但城里起雾的次数更多。你大概曾多次发现，如果在雾天里出城，没走多远就会碰上明媚的好天气，连半点雾都没有了。这到底是怎么回事呢？

原来，要让水蒸气形成水珠（也就是所谓的凝结），单有气温降到露点以下还不够。常有这样的情况：从气温上看，空气的湿度理应达到100%了，但空气中并没有分离出水蒸气，而是依然处于所谓的"过饱和"状态；这是因为空气里的"凝结核"太少了。凝结核非常微小，用肉眼是看不到的；这是些飘浮在空气中的微粒，比如带电的微粒"离子"，或者细小的灰尘、盐粒和烟尘等。然而，要是空气非常干净而没有凝结核的话，水蒸气的凝结就会推迟，甚至根本不会发生。

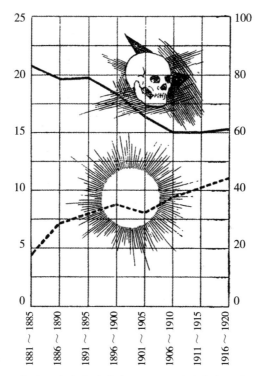

图 5-3 阳光对人体健康的重要性。下面的虚线表示城里的光照强度，以其相对于城外光照的百分比表示；上面的实线表示城里的死亡率（每 1000 人）。随着城市空气质量的改善，光照条件向农村靠拢，死亡率也逐渐下降。

这就是城里更经常起雾的原因：城里的空气中充满了街上的灰尘、炉子的烟尘，特别是工厂烟囱排放的废气，为雾的形成提供了充分的条件，只要碰上合适的气温和湿度就行了。英国有几座工业特别发达的城市——伦敦、利物浦、曼彻斯特等，加上英国的气候总体上比较潮湿，导致这些城市深受雾霾之苦。有位英国气象学家曾做过统计，把一昼夜间飘浮在伦敦空气中的煤灰折合成原煤，平摊到所有伦敦居民身上也是相当沉重（见图 5-4）；每位居民每年平均要付出折合 10 卢布的费用来处理与空气污染相关的各种问题，包括：经常洗衣服的开销、照明费用、雾气沉积的化学物质微粒侵蚀住房导致的维修费用等。

图 5-4 伦敦卫生博览会上展出的一个模型：每位伦敦居民平摊到的煤灰是如此沉重。

图 5-5 雨雾沉积的酸性物质或其他化学物质侵蚀石头建筑的景象。

从上往下，还是从下往上？

人们常说"露水落下来""霜落在树上"；在许多人看来，这并不是诗里的艺术形象，而是对自然现象的真实描写。其实，露水和霜并不是从天上"落下来"的，而是在冷却的物体的表面形成的。在晴朗无风的夜晚，地表在散热作用下失去热量，地表附近的空气层里的一部分水蒸气还来不及冷却就分离出来，化为水滴附在植物的叶子或草叶等的表面，这就是露水；在冬天里（一般地说，就是气温低于 $0\,℃$ 的时候），水滴会结成冰晶，那就是霜。

在冬天里严寒的雾天，树木和电线上会冒出一层毛茸茸的松软冰针，这种现象在日常生活中也常被人们叫作"霜"。最常见的说法是："起雾后打霜了"。然而这并不是霜，而是"雾凇"；雾凇也不是天上掉下来的，而是在物体的迎风面长出来的；与霜不同的是，雾凇可以长得很厚。在某些情况下（尽管非常少见），雾凇能折断灌木的枝条，乃至压倒大树和电线

杆。在法国多姆山[①]的气象站上，曾在桅杆上
观测到整整一米粗的雾凇。

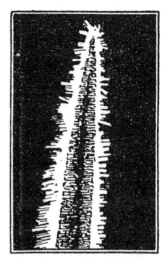

图 5-6　草上白霜。

　　还有一种破坏性更强的自然现象是"雨
凇"，又称"挂冰"。有的时候，即使气温已
经明显低于 0℃，水也不会冻结，而是处于
"过冷却"状态，继续保持着液态。这种过冷
却的雨雾一接触到坚硬的物体就会立刻冻结，
在物体表面形成一层光滑的、有时还挺厚的
冰壳。与更"轻盈"的雾凇相比，雨凇更容
易导致电线崩断之类的事故；因此，预报雨
凇对铁路、邮政和电报来说具有非常重要的
意义。这种结冰现象还会对飞机和飞艇造成相当严重的后果。众所周知，
结冰是"意大利号"飞艇在诺比勒[②]的北极科考中失事的原因之一。

图 5-7　电线杆上的雨凇。

---

① 法国中部火山，旅游胜地。
② 翁贝托·诺比勒（1885～1978），意大利飞艇设计师、北极研究者。

1897 年 2 月，敖德萨发生了一场雨凇，令原本只有 12 克的野草茎的重量增加了很多倍；细电线上形成了 3 厘米厚的冰层。树木被沉重的冰层压得弯下了腰，树梢都碰到地面了。有人生动地描写了雨凇的景象："在方圆 2600 亩之内，几乎所有种类和大小的树木都披上了透明的冰甲，在阳光下闪耀着无数的七彩光点，冰甲比细枝粗 5 ～ 10 倍，比粗枝粗 2 ～ 3 倍。"在山区特别是沿海地区的山上，空气里含有大量的水分，所以放在外面的气象工具也会结冰，变成一个个不成形状的冰团。

跟教授一起去冒险

Б.П. 维恩伯格教授在《雪、霜、雹、冰和冰川》中讲了自己的同事经历过的一件趣事：

"我还记得敖德萨的一场雨凇，电话线上结满了晶莹剔透的冰壳，冰层的重量扯断了电话线，压倒了电线杆……我举个例子，有位德高望重的教授晚上回家时，只能把胶鞋套在手上，手脚并用地从人行道爬到家门口去……"

要形成雨凇，除了得有过冷的雨水之外，还得让雨水接触的表面降到 0℃ 以下；一滴雨水中的"冷气储备"顶多只能让雨点的 1/8 结成冰。

人们是怎么把海冻住的

儒勒·凡尔纳的小说《赫克托·塞尔瓦达克》[①] 中有一页内容生动地描述了过冷现象。

一颗彗星与地球相撞，偶然地从地表带走了一群不同国籍的人；彗星

---

① 今多译为《太阳系历险记》。

上有片水域被他们命名为"加利亚海"，如今他们正焦急地等待着大海的封冻。

天气虽然很冷，但大海尚未封冻。其原因主要是天空没有刮风，海水始终处于静止状态。大家知道，这里的海水如果处于静止状态，气温即使降到零下一定的温度，也不会结冰。但只要稍稍改变一下这种状态，海水马上就可结冰。

小尼娜和巴布罗也赶到了海边，与大家会合。

"小乖乖，"塞尔瓦达克对尼娜说道，"你会不会把一块冰块扔到海里去？"

"那有什么不会？"小姑娘答道，"不过我的同伴巴布罗扔得比我远。"

"那你试试看吧！"塞尔瓦达克递给她一小块冰，接着又转身对巴布罗说道：

"巴布罗，你来看看，我们的小尼娜是多么神奇的小仙女！"

小尼娜把手来回甩了两三次，用力把冰块向海中扔去。

冰块一落入平静的海水，大海中便产生了一种轻微的声响，并迅速向整个海面扩展开去。

整个加利亚海已全部冻上了！

尽管"加利亚海"并不是很大，但如此大规模的现象在自然界中恐怕是不存在的。而规模较小的类似现象也就是雨凇，我们几乎每个冬天都能观察到。我们知道，雨凇的本质正是水的过冷现象。

水在9℃时结冻

在1927年8月对厄尔布鲁士峰的考察中，人们观察到了一件有趣的事情：

图 5-8 《赫克托·塞尔瓦达克》中的插图："你会不会把一块冰块扔到海里去？"

"我举个例子来说明 8 月 23 日的低相对湿度，"考察队员 M.B. 贝罗夫写道，"5 点过后，我们中有人从小阿扎乌冰川流下的小溪里打来一桶水，供考察队日常使用。还没到 6 点，水面上就结了一层薄冰，而当时的气温是 8.8℃；这说明空气里的水蒸气含量很少，导致了更强的地面辐射。"另外还应补充一点：以及更强的蒸发。

世界上最干燥的地方

在撒哈拉、中亚和死海沿岸等地的沙漠，特别干旱的日子里的空气湿度仅有 2%。想想看，25% 的湿度已经叫人觉得特别干燥了，2% 的湿度会有何感受就可想而知了。嘴唇和脸上的皮肤会干裂，人还会觉得干渴难耐、焦躁不安，等等。

高山上的湿度也很低，因为水蒸气的含量会随着高度的上升而降低。1924 年，一支探险队攀登了珠穆朗玛峰，队员们在登山过程中饱受干燥空气的折磨。他们写道：有一天，当众人从 7 千米的高山返回低处的营地时，他们喉咙里已经烟熏火燎，一心只想着要喝水，连休息都顾不上了；倒霉的是，帐篷里不仅没有水，连可以用来融雪的容器都找不到。

在个别情况下，万一碰上特殊的天气条件，中纬度地区也可能出现极低的湿度；举个例子，俄罗斯东南部地区刮"旱风"以及一些多山地区（阿尔卑斯、高加索、贝加尔等）刮"焚风"时（后文还要谈到这些现象）就可能发生这种情况。

第六章　云和降水

是谁给云命的名？

如果仔细观察天上的云朵，就会发现它们形状差异很大。其中有几种一下就会映入眼帘。人人都知道所谓的"羊羔云"，这种云有大有小，看上去就像一群毛茸茸的白色小羊羔，因此在德语和法语中也都得到了"羊羔云"的名字。

我们也很熟悉小小的"羽毛云"，这种云朵看上去就像羽毛、帽缨或缠结的细线。有时"羽毛云"遮蔽了整片天空，缝隙间却依然能透过阳光，让人感受到太阳的温暖——它们就是如此轻盈而透明。厚厚的灰云也是大家（特别是北方人）都很了解的，这种云中经常会飘下雨点或雪花。最后还有一种翻涌的白云，一般出现在晴朗夏日的天空中；它们闪耀着白色的光芒，底下光滑，偶有阴影，顶端圆滑。天快亮时，这种云朵常常会变得特别多，眼看着就要把天空整个儿遮住了，但透过云间还是偶尔会露出太阳；到了傍晚，它们就渐渐消失了。有时这种云朵会往上生长，堆叠起来像一座座宝塔；云顶像面纱一样在天空中铺开来——突然间电闪雷鸣：小心，要下大雷雨了！

云有三种典型的形态：卷云、层云（密密的灰云）和积云；积云也就是好天气下的白云，它最早是由 18 世纪末的英国人卢克·霍华德记录的。此人不是什么专家学者，而是伦敦某化学工厂的员工，但他认真钻研自然科学，并于 1821 年被选为伦敦皇家学会的成员。他最早为云的三种基本形态提出了专门的名称，按当时的习惯是用拉丁语：卷云是 Cirrus，层云是 Stratus，积云是 Cumulus（这三个词的字面意思就是"卷的""层叠的"和"堆积的"）。后来又补充了第四种形态——Nimbus（雨云），也就是会下大雨的支离破碎的乌云。自那之后又过了一百多年，而霍华德创造的云朵分类一直保存至今，成为云朵分类的基础。

图 6-1 不同形态的云 1

1. 卷云——一只飞鸟处; 2. 卷积云——两只飞鸟处; 3. 卷层云——三只飞鸟处; 4. 积层云——四只飞鸟处。

图 6-2 不同形态的云 2

1. 卷云——一只飞鸟处；2. 积云——两只飞鸟处；3. 层云——三只飞鸟处；4. 雨云——四只飞鸟处。

伟大的诗人和自然学家歌德[1]曾与霍华德频繁通信，他立刻对霍华德提出的名称做了高度评价，还为霍华德和他命名的每种云朵形态都专门写了一首诗。其中一首写道："想知道云朵有几何，必须先分而后合。我的歌声展翅翱翔，赞美他分类本领强……"

后来，霍华德的分类得到了扩展；在基本形态之外又补充了过渡形态，其名称由基本形态的名称组合而成：比如小的"羊羔云"叫作"卷积云"，大的"羊羔云"叫作"高积云"，雷雨云叫作"积雨云"，等等。

云中的水

云也是水，有液态的（极微小的水滴）[2]，也有固态的（小冰晶）。云和雾一样，都是由空气冷却时分离出来的多余水汽形成的；低层云跟雾几乎没什么区别，只不过高度更高而已，我们站在地上看山上是低层云，而身处云中的登山客却觉得自己身陷雾中。空气的冷却有各种各样的原因：可能是放热，可能是与更冷的气团混合，也可能是空气在没有外来暖流的情况下发生了膨胀。

受热导致冷却

你没看错，受热导致冷却这种奇怪的事情在自然界中确实会发生。这个自相矛盾的表达是英国著名气象学家 N. 肖尔[3]提出的。

假设某气团在某种因素的作用下受热，因而变得比周围的空气轻，它

---

① 约翰·沃尔夫冈·冯·歌德（1749～1832），德国著名文学家、美学家，业余爱好自然科学，有一定建树。
② 并非许多人误以为的小水泡。——原注
③ 威廉·纳皮尔·肖尔爵士（1854～1945），英国气象学家。

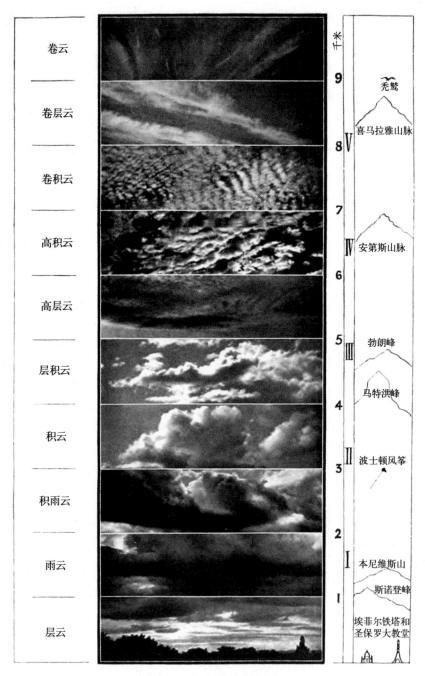

图 6-3 几种典型云的分布。

开始上升；但上层大气的气压比下层低，这团空气升上去后便会膨胀。膨胀需要吸收热量；没有外来的暖流，于是只能从自身的空气中吸收热量，气团就发生了冷却。所以说，这里的冷却是受热的直接后果。

物理学证明：在自由大气中上升的空气，每上升 100 米就会降低 1℃——前提得是干燥的空气。如果空气中含有水分，那么只要温度降到露点，一部分水蒸气就会开始液化析出；液化时也会放出隐藏的热量，所以湿润空气的降温幅度比干燥空气要小。据推测，这种情况下的降温幅度约为每 100 米 0.8℃。如果周围的空气以相同的幅度降温，那么气团在上升过程中就会与周围空气保持相同的温度；但是，如果周围的空气降温更快——比如说每 100 米 0.9℃吧，气团即使上升了也还是比周围的空气温暖，所以还会继续往上挤。

这样一来，冷却的空气中逐渐以小液滴的形式析出大量水分，这些液滴就形成了我们所说的积云。在自由大气中，气温随高度上升而下降的速度越快，积云的发育就越迅猛。在炎热的夏日，地表和靠近地表的气层在太阳的照射下受热特别厉害，而上层的空气相对较冷，此时温度随高度上升的下降就非常迅速。

图 6-4 日落后远方的雷雨云。典型的雷雨云形态，即"铁砧"形，由云朵散开的顶端部分构成。

这就是积云出现在一天最热的时候的原因；要是空气中还含有大量水汽（"闷热"），这些积云就会堆叠得越来越高，最后变成积雨云或所谓的

"雷雨云"：大雷雨要来了 [①]。像这样的雷雨云有时厚度可达 10 千米；但在 5 ～ 6 千米的高度，它们的顶端已经处于气温低于 0℃ 的气层中了；因此其顶端形成的已经是由小冰晶构成的薄纱状轻云了。

画家错在哪儿？

下图画了一幅自然界中几乎不可能出现的景象，要是这张图出自某位画家之手，我们就有理由批评他观察不仔细了。你猜出是为什么了吗？

总的来说，在典型的冬季风景中，天上是不可能有积云的。积云产生的第一个条件便是地表及其附近的气层强烈受热。而冬天的情况恰恰相反，底层大气由于靠近积雪而冷却，且太阳也不怎么暖和；就算是到了冬末春初，太阳开始提供更多热量了，这些热量也会在积雪强大的反射作用下被原路散射回去。只有到了积雪已经开始融化的春天，在受热较多的地段的空中才有可能出现微弱的积云。这些最早的积云总会令气象学家欢喜，因为它们是春

图 6-5　自然界中十分罕见的景象。

---

① 水蒸气比空气轻，所以潮湿的空气比干燥的轻，特别容易被挤到上面。——原注

天到来的征兆之一。

不错，在个别情况下，积云类的云朵也可能出现在冬天；这是由于特殊的天气条件引起了空气上升，这样形成的积云叫作"动态积云"。但这种云朵非常少见，也无法发育到夏季积云的程度。

火灾产生的云

有时，地表空气突然剧烈受热也会形成特殊的积云，比如很严重的火灾时就是这样。在1923年9月著名的日本大地震中[①]，地震引发的可怕火灾烧毁了大半个东京，令城市上空出现了巨大的云团，看上去很像积云，但更加庞大、颜色也更深。尽管城市遭到破坏，当地的气象学家依然坚持观察，最终成功确定了云团的高度：最高的云顶可达8千米，最低的也有6千米。距离火灾不远的地方有个气象台，那里的温度也有45℃，而火灾中心的气温不低于100℃；计算表明，被火焰包围的地方的气流上升速度可达70m/s——这可真是垂直上升的风暴了；在离火灾较远的地方，空气的垂直运动速度从 1～15m/s 不等。

图6-6 1923年9月东京大地震和火灾中在东京上空形成的积云。取自东京天文台拍摄的照片。

---

① 指关东大地震，1923年9月1日爆发于日本关东地区，对东京、千叶县、静冈县等地区造成了严重破坏。

在一般的积云的发育中，空气的垂直上升速度没有这么快；那里的受热面积更大，但达不到这么强的热力，所以空气的上升过程要缓和得多。

云桌布和云帽

如果潮湿的空气在运动途中碰到了障碍，比如说陡峭的山坡，它就会迅速爬升，其中含有的水蒸气也会以云的形式析出。在南非的开普敦[①]附近有座险峻的高山叫"特布尔山"[②]，在南来的海风的吹拂下，山上形成了一层覆盖的云，叫作"桌布"。到了山顶，风便可以不受阻碍地吹动了，仿佛是将这张"桌布"铺开在山顶上。"桌布"不会下降，因为下面的气温较高，云便重新汽化了。

图 6-7 特布尔山上的"桌布"。

这种"桌布"或"帽子"在阿尔卑斯山以及高加索山区（比如厄尔布

---

① 南非南端城市。
② Table mountain，即"桌子山"。

鲁士峰）也经常能看到；厄尔布鲁士峰顶的"帽子"被山民视为不祥之兆。本书作者曾于 1928 年夏目睹这样的情景：一大清早，厄尔布鲁士积雪的峰顶仿佛有一艘艘白色的"齐柏林"[①]解缆起航，一条雪茄状的云朵分裂出来，慢腾腾地飘走了，马上又出现了另一片云。这些"帽子"并非一成不变的构造，而是清楚地显现出了水蒸气不断凝结的过程。著名气象学家多维[②]在《气象学研究》中说得好：

> "云不是什么预先完成的东西，它不是产物，而是过程：它的整个存在都处于不断的产生与消失之中。从山顶往下看清澈的山间溪水，谁也不会说形成白沫的地方是固定不变的，是确定在地上的某个位置。而笼罩着山巅的云也完全是相同的道理。溪水中的小石头就是高山，溪流是空气，水沫则是云。"

本地云和"外来"云

积云和雷雨云是本地产生的云，它们的形成取决于地表受热状况、蒸发条件等一系列因素。但云也可以受到天气的整体状况影响，在广泛得多的作用之下产生。

如果相对较热的空气中闯入了一团来自极地的冷空气，冷空气就会沉到暖空气下，像一根楔子嵌入其中，并把暖空气往上抬。这就会导致上升的空气冷却，水蒸气析出形成云朵。水蒸气凝结时的高度越高，形成的云团就越庞大。较高的气层中会形成细细的"卷云"，较低的则是小小的"羊羔云"，再低就是大的"羊羔云"以及所谓的"高层云"了，它们形成了一片厚厚的云层，但和低空的层云不同的是，透过这个云层会有分散的光点

[①] 19 世纪末 20 世纪初一种著名的飞艇，因其发明者齐柏林伯爵（1838～1917）而得名。

[②] 亨利希·多维（1803～1879），德国气象学家。

照到地上。由于高层空气的运动比下层快，在冷空气上方运动的暖空气便会更早地出现在上层，并先在那里形成云；在地面的观察者看来，便是先从某处飘来了轻卷云，随后出现了羊羔云等，直到下层的高积云，高积云下面还有低积云和雨。这个"云系"与热气流结为一体，一起在观察者所在地的上空运动，有时只是从边上掠过。中纬度的居民经常能看到这样的情景：经过很长一段的温暖晴朗的天气，万里无云的空中或积云间开始能看到卷云，它们变得越来越多，遮住了整个天空，通常出现在太阳或月亮周围；云层越来越厚，几乎要把太阳遮住了，只剩下模糊的光点透过缝隙，落到地上也不会形成阴影；最后，这个光点也消失了，出现了几片黑色的雨云，开始下雨了。"天气变糟了。"

这些"云系"已经不是本地产生的了，而是与低压区密切相关；后面我们还要谈到这种会带来坏天气的低压区。

化隐为现

如果水面上吹过了风，水上就会形成浪花。亥姆霍兹[①]指出：只要一层物质在另一层密度不同的物质上运动，就会产生波。如果暖空气在冷空气上方运动，或冷空气在暖空气上方，二者的分界处就会形成波。

空气波本身是看不见的。但要是空气足够潮湿的话，当它升到比较寒冷的波峰时，便会析出水分形成云朵，这些云一排排整齐地分布在波峰上。我们都多次见过这样的波浪状云朵。空气波比水波大得多，其相邻波峰之间的距离可达 200 ～ 500 米乃至更大。

---

① 赫尔曼·冯·亥姆霍兹（1821 ～ 1894），德国著名物理学家、数学家、生理学家，在光学、热学、神经科学等诸多领域均有卓越建树，主要成就是拓展了能量转换与守恒定律。

图 6-8　阿勒山上的云。

如何测定云的高度和运动

低处的云（有时也包括较高的云）的高度可以在登山、乘热气球或飞机飞行时直接测定。不过，云的高度通常还是用几何方法测定的：最可靠的办法就是从两个距离已知的气象站同时对同一朵云进行摄影或观测。

这种测量表明，卷云的平均高度为 9～11 千米，小"羊羔云"为5～7 千米，大"羊羔云"为 2.5～4 千米；积云的底部约为 1.5 千米，顶端为 2.5～3 千米；雷雨云的顶端几乎可达 10 千米；最低的层云位于300～500 米的高处或更低——实际上可以直接够到地面。

由于冬季的空气比较冷，水蒸气凝结的位置离地表更近，云的高度也比夏天低。所以我们才会觉得冬天的云低低地垂在空中。

要想测定云的运动方向和运动速度，最简单的办法是使用所谓的"贝松耙式测云器"。这种仪器确实很像一个钉耙，它可以绕着垂直轴旋转。把测云器竖起来，使得它顺着云朵运动的方向，观察者就能根据固定圆盘上的方向标确定云的来向。要想确定云的运动速度，可以对着秒表算出云在多少秒内能通过测云器的两个尖齿之间的距离。只要根据云的类型大致判断出它的高度，就不难在对应的表格上找到它的运动速度。

图 6-9 贝松耙式测云器。

云在多远能看见？

我们在地平线上看到的云距离地面到底有多远呢？

很明显，云的高度越高，离地面就越远。А.Ф.范根海姆[1]在小册子《作为未来天气征兆的卷云》中提供了一个表格，按着它可以大致算出云在天空中的位置到我们的距离，这取决于它距离地表的高度以及它相对于地平线的角高度[2]。

云的高度/km								云的角高度/°
1	2	3	5.6	6.5	8	9	10	
114	162	199	271	292	320	341	362	0
—	—	73	110	124	147	162	177	2.5
—	—	35	64	71	86	91	107	5

---

[1] 阿列克谢·费多西耶维奇·范根海姆（1881～1937），苏联气象学家，苏联气象局的主要组建者。

[2] 在不用仪器的条件下估计角高度的方法可参见别莱利曼的《趣味几何学》或前述范根海姆的小册子。——原注

续表

云的高度/km								云的角高度/°
1	2	3	5.6	6.5	8	9	10	
—	—	18	32	37	45	47	56	10
—	—	—	21	24	30	31	37	15
				18	22	23	28	20
—		—	—	14	17	18	22	25

　　一天晚上，本书作者与其他观察者一起站在巴甫洛夫斯克[①]的观测塔上，有幸欣赏了一场由西北而来的壮观的大雷雨。那天晚上又晴朗又安静，地平线上升起了两朵并排的黑色雷雨云，云中不断落下闪电，时而朝向地面，时而从一朵云打向另一朵云。"现在发生雷雨的地方肯定很迷人吧！"我们相互说道。云升到了地平线上方15°～20°的地方；已知雷雨云的高度为距离地面6.5千米，就不难在表格中查到，这朵云应该位于24千米左右的远方，也就是在列宁格勒上空附近。事实果真如此。就在这一天（1929年5月16日），列宁格勒突然发生了一场可怕的大雷雨，持续了3个小时左右。

为什么会下雨？

　　我们知道，云是微小的水滴的聚合物。可云为什么不会往下掉呢？水可比空气重呀。为什么有时云又会开始往下掉，且掉下去的根本不是小水滴，而是非常明显的雨滴呢？

　　这里的原因是，水滴只有达到特定的大小才会开始往地上掉。空气中掉落的一切物体都会受到空气阻力，但重力超过了这种阻力。把水滴看作一个球体，则它的重量与体积（也就是半径的立方）成正比；空气阻力则与球体

---

① 俄罗斯西北部城市，位于圣彼得堡附近。

的表面积（也就是半径的平方）成正比。如果半径非常小，重力就只是略微超过空气阻力，水滴尽管也会掉落，但速度非常缓慢；只要有点上升流就会阻止掉落。根据艾斯曼的研究，最小的水滴直径为 0.006～0.017 毫米；就算直径是 0.02 毫米好了，也能算出 1 克水中含有 2.4 亿个这样的水滴！

随着水滴变大，其掉落速度也在增加；当直径达到 0.15 毫米时，其掉落速度已经比较快了——下起了毛毛细雨。要是水滴进一步变大，雨就会下得越来越大。

雨滴到底为什么会变大呢？

首先，云中的水滴就算掉落得很慢，也会一个个逐渐融合在一起。其次，如果云的一部分比另一部分冷，前一部分中的水蒸气就凝结得更快，会形成更大的水滴。再次，水滴表面存在表面张力现象，吸收了周围的饱和空气中的水蒸气。最后，电现象的作用也同样重要。

不管怎样，雨滴在特定条件下达到了极限的大小，开始快速往地面掉落；不过如果空气非常干燥，雨滴偶尔会在半空中就汽化，没能抵达地表。

"倾盆大雨"

雨有没有可能不是一滴滴下，而是形成连续不断的水流，就像从盆子里倒出来似的？最大的雨滴能有多大呢？

植物生理学家维兹纳① 做了一系列实验，但没能制造出连续不断的水流。他也制造不出 0.268 克以上的雨滴：最大的雨滴从仅有 22 米的高度掉落，就在途中裂成了两滴，其中较大的第一滴也不过 0.2 克重。在特定的条件下也许能制造出稍大的雨滴，但毫无疑问，所谓热带的暴雨像水流一般倾盆而下，或者天上掉下直径差不多有一寸的雨点，这都只是道听途说

---

① 尤里乌斯·维兹纳（1838～1916），奥地利生物学家、植物生理学专家。

而已。维兹纳最大的 0.268 克的雨滴直径也不过 8 毫米罢了。这样看来，所谓"倾盆大雨"不过是雨滴非常大的雨，由于掉落速度太快，在我们看来就好像是连续不断的水流。

空中的造雪实验室

当气温低于 0℃时，水蒸气会立刻变成固态，形成的不是水滴，而是冰晶。水的基本晶体呈正六边形。这个六边形的顶端随后又会附上新的冰晶，新冰晶再加新冰晶，这样就形成了千姿百态的星形雪花，北方居民对此都很熟悉。在从云中掉落时，雪花会冻在一起形成鹅毛雪，越靠近地面其体积就越大。

法国航空家提桑蒂耶[①]曾在热气球飞行中观察到雪的形成过程。那一次，他冒着鹅毛大雪从巴黎起航。随着气球上升，鹅毛雪变得越来越小，最后只剩下零星的雪花。在 2100 米的高度，他周围的空气已经完全澄净了，其中飘浮着细小的冰晶，它们慢慢地往下掉，下落过程中逐渐变大：这是一个真正的造雪实验室。

冰雪奇珍的爱好者

在美国的贝尔蒙特城[②]，有位名叫本特利的业余自然学家和摄影师，他在约 50 年的时间里收集了一批在显微镜下拍摄的独特的雪花照片。他共有 5000 多张这样的照片，其中没有两朵完全相同的雪花！他把这些照片称作"冰雪奇珍"；的确，他照片上表现的雪花如同技艺精湛的珠宝匠做出的钻

---

① 加斯通·提桑蒂耶（1843～1899），法国化学家、气象学家、作家、气球飞行家。
② 美国西弗吉尼亚州城市。

石饰品。事实上，确实常有珠宝匠和实用艺术的艺术家登门拜访，借用本特利的相册为自己的作品提供设计式样。

本特利去世于 1931 年。在他去世前不久，美国气象局根据他的照片出版了一部雪花图册，其中收录了 2500 多张照片。

图 6-10　几种独特的雪花（本特利摄）。

拍雪花可不是件容易事。其中最大的难点在于：在显微镜的物镜下，哪怕环境很寒冷，雪花也会模糊变形，失去了明显的轮廓。本特利对拍摄雪花的手法秘而不宣，但雷宾斯克[①]的西格森解开了这个谜，他本人也找到了一个不错的手法。原来，拍摄时放置雪花的载体不能用玻璃，而得用蜘蛛网一般纤细的丝网——这样就能把雪花的细节拍得清清楚楚了；之后再对丝网进行修像就行了。西格森的收藏不如本特利那么丰富，但拍摄质量毫不逊色。

――――――――――

① 俄罗斯中部城市。

1933 年，在法兰士约瑟夫地[1]的极地观测站，观测员卡萨特金采用一种全新的独创手段，拍到了 300 多张形态各异的雪花的照片。

大多数冰晶是基本的六边形的不同组合在重复出现，但某些情况下也会产生非常特殊的雪花，比如模样很像时钟的雪花，本特利把它叫作"时钟冰晶"。要是能研究一下雪花的形状与各种天气条件的关系，那可就太有意思了；可惜的是，这个问题目前还远远没有得到解决。

在研究碘仿溶液时（碘仿晶体也是六边形的），列曼教授在实验室里成功制造出了人工的碘仿"雪花"，跟普通的雪花一模一样，还观察到了它们逐渐长大的过程（见图 6-11）。

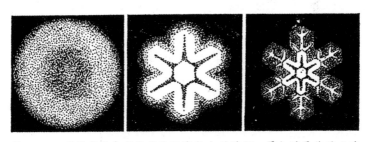

图 6-11 列曼实验中碘仿晶体逐渐长大的过程。最初的晶体呈六边形。溶液浓度最高的地方位于六边形的六个角附近，上面开始长出射线状结构；射线的增长同样发生在最饱和的地方，也就是射线的末端，那里又形成了新的构造，如此反复。当然，这只是对上述现象最粗略的解释。

雪花为什么是六边形的？

早在很久以前，人们就发现了基本的冰晶是六边形的；1611 年，著名天文学家开普勒[2]发表了一篇文章叫《新年礼物，或论六边形雪花》，他在

---

[1] 北冰洋岛屿群，临近俄罗斯西北沿海。
[2] 约翰尼斯·开普勒（1571～1630），中世纪德意志天文学家、物理学家、数学家，提出了行星运动的三大定律。

文中谈到了雪花的形状，同时提了个问题："雪花为什么是六边形的呢？"然后自己又做了回答："这我还不太清楚。"维恩伯格教授写过一本非常有趣的书叫《雪、霜、雹、冰和冰川》，我们从中取了一段说明："尽管我们离开普勒已经有三百多年，但我们依然不能不重复他的这个回答。"这里的基本问题在于：为什么某种物质会形成某种形状的晶体呢？这个问题还远远没有得到解决。

在寒冷的日子里，窗玻璃上会形成各种各样的花纹，其基础正是冰晶六角形的形状；表面的不同特点会影响冰晶生长的方向，而且水（水蒸气）的粒子会尽量填满冰晶之间的空隙，形成的构造便多少有些密集。这里我们就看不到单个雪花的那种规则形状了。

如何制作落地冰雹的模型

冰雹通常是从雷雨云中掉落的，这些云的顶端能达到非常高的高度，所以里面掉落的水滴立刻就会结冰。在往下掉穿过云朵的过程中，冰雹外又冻上了新的冰层，而雷雨云中会产生很强的旋风，旋风卷起冰雹把它们重新吹上去。要是这样的"舞蹈"重复几次的话，最初的凝结核就可能冻上许多冰层，最后等冰雹掉到地上时，它的体积已经相当惊人了。不过，冰雹的谜团还不能说是完全解开了：有时也会掉落很大的结晶状冰雹，却不具备多层结构。

这种独特的冰雹已经有许多人观察和描绘过了，例如阿比赫院士[1]以及天文学家谢基[2]。克罗索夫斯基教授画的冰雹极像玫瑰或罂粟等重瓣花的花冠的构造，而且冰雹的主要部分呈球形，恰好对应着植物的子房和未来

---

[1] 赫尔曼·威廉莫维奇·阿比赫（1806～1886），德国地质学家、旅行家，高加索研究的先驱之一。

[2] 安杰罗·比特罗·谢基（1818～1878），意大利天文学家、神学家。

的果实，而球体上附着的花瓣状凸出物跟重瓣花的花冠简直一模一样；一部分"花瓣"是无光泽的乳色构造，也有一部分是纯净透明的冰片。

图 6-12　阿比赫院士在高加索画的结晶状冰雹。

这些现象还没怎么得到研究，原因是冰雹掉落时往往来不及拍摄，想拍到张好照片都难，而且冰雹落地后很快就融化了。要把冰雹画下来就更来不及了。K. 茹克教授提出了一种利用掉落的冰雹制作模型的方案，但这个办法不知为何被遗忘了，其实它可以推荐给所有自然爱好者使用。这个办法就是用稀释的石膏把掉落的冰雹包裹起来。石膏凝固得很快，里面的冰雹来不及融化也不会变形。等冰雹最终融化、水透过石膏上的小孔流出来后，从石膏的开口往里面的空洞注入加热到110℃的罗泽合金——把铅、锡、铋按 1∶1∶2 的比例混合就能制成罗泽合金。

冰雹有多大？

巨大的冰雹可以有鸡蛋那么大甚至更大，幸好这样的冰雹下得很少；普通的冰雹顶多就一枚大豌豆那么大。但偶尔也会有堪称庞大的冰雹。1928 年7 月，美国波特城[①]下的冰雹周长足有 30～35 厘米。最大的冰雹周长 40 厘米，重 600 克。这些冰雹外表很平整，呈球形，中间是一个凝结核，外边冻着几层向心的冰层。不同冰雹掉落的地点距离很远，而且都完全陷进了地里。还有几座房子的屋顶被整个儿砸穿，里面的人侥幸没有受伤。

---

① 　美国得克萨斯州城市。

1926 年 6 月 9 日，敖德萨下了一场很大的冰雹。冰雹重达 300 克，地上形成的冰层竟有 30 厘米之厚。在个别地方，风暴造成的冰雹堆比人的个头还高。城里有许多建筑受损，也有几人被冰雹打伤，郊外的庄稼有 70% 被毁。

北方很少有这么大的冰雹，因为与炎热的地方相比，北方的雷雨一般没那么强烈；不过列宁格勒也曾下过几次鸡蛋大小的冰雹。

图 6-13　1926 年美国下的冰雹。图中的冰雹已经过缩小；
其真实大小可以对照图中拿着大碗的手来判断。

人们什么时候开始测量降水

要想研究气温和气压，就得对物理有一定的了解；而降水与农事和收获关系最为密切，观察起来也简单得多；因此，早在远古时代人们就开始测量降水了。《圣经》里有关于巴勒斯坦的降水和收获的资料；古巴比伦的书里也有类似的内容。但最有趣的信息我们是在古印度大臣哈纳克利的《政治论》（公元前 400 年）一书中找到的，内容如下：

"扬加拉邦的雨量为 16 德罗那[①]；阿努帕纳米邦的雨量还要多出一半；阿斯马卡斯邦降下了 13.5 德罗那，阿沃德特邦为 23 德罗那，最多的是在喜马拉雅附近的安查兰塔木邦，那里的田地还挖了排水渠。

_____

① 可能是古印度的计量单位。

如果所需的降水量有三分之一是在雨季之初和雨季之末，另外三分之二在二者之间，这种降水便是良好的降水。"

"有三种云会带来 7 天连续不断的降雨；'80' 会带来少量雨点，而 '60' 常出现在阳光下。监督农活的人可以根据雨量，下令播种对水分需求不同的作物。"

由此可见，古印度人不仅充分认识到了降水与收获的关系，还懂得怎么测量降水；书里提供的数字让人不禁猜想，他们可能已经有了某种气象站网络，而且对气象参数的平均值也有了一定的概念。另一个有趣的地方：当时的印度人已经有了某种对云进行分类的办法，用不同的数字表示不同的云，并认为云和天气有一定的关系。

最早的雨量计

可惜的是，相关的信息已经丢失了；过了许多个世纪，才有人重新想到要设计仪器来测量雨量，此人便是与伽利略和托里拆利同时代的意大利人卡斯特里。有一天，他在佩鲁日①附近散步时注意到空中的云很低，回家路上便碰上了一场大雨；于是他产生了一个念头：在雨

图 6-14　雨量计。左边是雨量容器本身的样子，右边是放在柱子上、周围有防护罩的雨量计。

①　法国东部城镇。

中放个容器，看看降雨会让水面上升多少。他找了个高约1寸[①]、半径约半寸的圆柱形容器，过了一小时就测出了雨量，结果相当于如今的 7.5 毫米降水。

如何测量降水

现代的雨量计由一个圆柱形锌质容器组成，使用时要放在雨点或雪花自由落下的空旷地方。这个容器的底面积为 500 平方厘米。为了防止风把雪吹出来，雨量计周围有个漏斗形的"防护罩"。要测量降水，也可以拿个有刻度的玻璃杯，其底面积刚好是雨量计的十分之一。因此，如果把雨量计里的水倒入玻璃杯，杯里的水的高度将会是雨量计的十倍。把杯子的高度以毫米划分，每毫米刻度就对应着落到地表的 0.1 毫米降水层。如果我们还想了解落到田里的雨量，只需把降水的高度乘以田地的面积就行了。

假设我们把水倒进杯子，结果是 50 个刻度，这就说明降水量是 5 毫米；则每公顷的降水量是 5×1010 立方毫米＝50 立方米。一升约等于 1/12 维德罗[②]，所以这个数量约等于每亩地 5000 维德罗（1 公顷＝0.9 亩）。

为了使读数更精确，气象站采用底面积更小的容器，令每两个刻度之间的水量等于 5 立方厘米。不难看出，这种情况下每个刻度的水量对应着地表 0.1 毫米的水层，但读数还能做得更精确，因为这种情况下的水柱比较高。

世界上最湿的地方

雨量最大的地方一般在山里，特别是山脊与潮湿海风的来向垂直的地方。此外，特别猛烈的暴雨往往出现在潮湿的热带地区。世界上最潮湿的

---

① "寸"是一个古代长度单位，指的是男性手掌大拇指尖和中指指尖之间的距离。——原注

② 俄国容量单位，1 维德罗 ≈12.3 立方分米（升）。

地区之一是印度阿萨姆邦^①的乞拉朋齐，当地海拔 1250 米，年均降水量 11800 毫米。这等于说，假如水不被土壤吸收也不流掉的话，一年内会积起约 12 尺深的水。雨量稍少的地方还有非洲喀麦隆山区的迪本吉站——年均降水量约 10500 毫米。

上面说的是年降水量；那么，一昼夜间的降水最多有多少呢？在这方面创下纪录的依然是乞拉朋齐：在当地一个"美妙"的六月，连着五天的时间里总共降下了 2900 毫米的雨水，而且其中有一天的降水量足足有 1036 毫米——是莫斯科一整年的降水量的两倍。一昼夜 700 ～ 800 毫米的强降水在印度的其他地方以及斯里兰卡和日本也曾出现过。

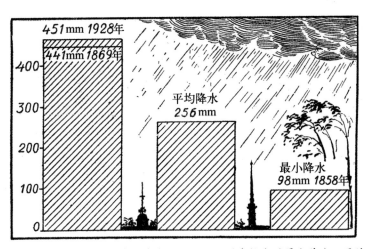

图 6-15　1858 年以来的每年 6 ～ 9 月，列宁格勒的最大降水、平均降水和最小降水。

暴　雨

有时候雨下得不久，但强度很大，几分钟里就降下了巨量的雨水。1911

_____
① 印度东北部行政区。

年 11 月 29 日，巴拿马的贝罗港下了一场暴雨，3 分钟内降下了 63 毫米雨水，也就是每分钟 21 毫米。按照前一节的计算，5 毫米降水等于每亩 5000 维德罗，那么巴拿马的暴雨仅在一分钟内就超过了每亩 20000 维德罗！ 1926 年 4 月 5 日，美国加利福尼亚的奥匹兹营记录到了一分钟 25 毫米以上的降水！这样的降水量可谓闻所未闻、见所未见，如此凶猛的暴雨大概也是绝无仅有了。幸好这些暴雨的持续时间不超过 5 分钟；但这么多水来不及被土地吸收，所以暴雨在短时间内也可能造成许多危害。

暴雨和铁路

1882 年 6 月 29 日至 30 日（旧历①）夜，莫斯科－库尔斯克铁路的图拉省②路段，有一辆满载乘客的列车飞驰而过。天气非常恶劣。雷声轰鸣，持续不断；耀眼的闪电划开了天空；天上下着倾盆大雨。在一个叫作库库耶夫卡的地方，列车突然从路基上冲了下来。发生了一场可怕的事故，夺去了许多乘客的性命。后来调查发现，几乎整条路基都被雨水冲烂了，成了一摊潮湿的烂泥，载人的车厢便是冲入烂泥中陷住了。没算准排水管容量的工程师和没及时发现道路被毁的守卫都被问了罪。但这起事件的罪魁祸首其实是盲目的自然力；直到后来，从全国各地收集气象观测资料的地球物理总观测台的研究室才发现了这一点。事故不久前，库库耶夫卡附近的米哈伊洛夫村开了个气象站，站里有位不起眼的观察员叫索伊莫诺夫，他在 6 月 30 日早晨测量到了当地不寻常的昼夜降水量——146 毫米。这样算来，在库库耶夫卡事故的夜里，当地降下了每公顷 1460 立方米的雨水，等于当地年均降水量的 25%。在那之后，库库耶夫卡所在的地方就再也没观

---

① 1918 年之前，俄罗斯采用儒略历（"旧历"），与其他欧洲国家的格里高利历（"新历"）相对。旧历的日期比新历早 11 ~ 13 天（据世纪不同而变动）。

② 库尔斯克为俄罗斯南部城市，图拉省今为图拉州，俄罗斯中部行政区。

图6-16 列宁格勒附近十月铁路滑坡处的黏土层截面图。图中画斜线的
是不透水的土层。这一层下方是蓄水层，暴雨带来的积水在巨大的压力
下，漫出蓄水层穿透了通常不透水的土层，冲毁了路基。

测到这么大的昼夜降水量了。

　　像库库耶夫卡事件中这样的毁灭性暴雨是很少见的，但万一降雨的时间太长，也可能对铁路建设造成危害性的影响。举个例子，1928年9月初，距列宁格勒30千米处的铁路路基开始逐渐沉陷，几天之内就下沉了5米。由于沉陷是逐渐发生的，铁路警卫在酿成事故前就及时发现了状况，往来莫斯科的列车只好绕路而行，浪费了不少时间。这对于历史悠久的十月铁路来说是前所未有的事情。仅此一点就足以表明，1928年夏的降水特别丰富。比较一下不同年份的6～9月列宁格勒的降水量，可以看出其平均值为256毫米。1928年夏的降水量是451毫米——整个降水观测期内列宁格勒最大的降水量。观测台绘制了一张列宁格勒周边地区的降水分布图，发现其最大值恰好就在波波夫卡－科皮诺区段，也就是发生滑坡的地方。这个区段有一条很大的路基，路基后方的地表是透水的黏土层，上面挖了一处路堑。在平常年份，位于这层下方的蓄水层会被水充满，但1928年夏的水压显然是太大了，穿过黏土层的缝隙进入路基的底部，最后把路基给冲垮了。

气象学与《圣经》里的大洪水

《圣经》里讲了一场世界性的大洪水，这场洪水据说是由"四十天四十夜"的大暴雨引发的；大地被洪水淹没，著名的挪亚方舟只能停靠在阿拉拉特山[①]的峰顶——这是《圣经》里的说法（据古印度人的传说是停在珠穆朗玛峰的峰顶）。这样的大暴雨到底可不可能呢？要是可能的话，雨又得有多大才能淹没整片大地，只露出最高的峰顶呢？

在这里，雨量观测能帮上我们的忙。首先我们知道，没有哪场雨（哪怕是小雨）能持续4天以上不断。退一步说，哪怕真有一场雨能连着下

图6-17 目前观测到的最强的暴雨，如果能持续40昼夜，便能让积水淹没比阿拉拉特山山脚略高一点的地方，但绝不可能像大洪水的传说讲的一样升到峰顶。

四十天四十夜，要在这960小时里让水面升到阿拉拉特山的峰顶（5150米），这场雨的强度必须高达每分钟100毫米！考虑古印度人的说法，假设水连阿拉拉特山都淹没了，让方舟停靠在珠穆朗玛峰上，这场雨的强度得有每分钟150毫米！这些数字实在是匪夷所思。据此观之，降水导致世界性大洪水的传说根本就没有半点科学依据。

有没有从不下雨的地方？

有可能完全不下雨的地方只有沙漠，但沙漠里的气象站非常少，所以要对这个问题做出绝对可靠的回答也很困难。德国著名气象学家赫尔曼

---

① 阿拉拉特山（或译亚拉腊山等）位于今天的土耳其与亚美尼亚交界处，海拔约5165米。

认为，不存在这样的地方。不久前人们还以为，地球上最干燥的地方之一——阿斯旺[①]上游的尼罗河河谷从不下雨，但等那里开始了正确的气象观测，才发现这种观点是错误的：尽管雨下得又小又少，但好歹还是有雨的。不过，这跟不下雨实际上也没什么区别。在另一个气候条件差不多的地方，阿拉伯的哈里发旱谷，10年间只有22个下雨的日子；而且这些"雨"落到雨量计里的水实在太少了，想测量都不成。

在智利和秘鲁的沿海地区、美国的加利福尼亚、非洲西南部和澳大利亚的沙漠，有时连着几年都没有能测量到的雨水。漫长的干旱偶尔才会被短时间的暴雨打断。

去过南美阿塔卡马沙漠的旅行家推测，这块沙漠有些地方已经有好几百年没下过像样的雨了；那里发现了一些早期西班牙寻金者的遗体，尽管已经过了400多年，但遗体还是变成木乃伊保存了下来！

地球上总共下了多少雨？

据计算，全球每天下的雨可以填满一个底面积1000平方千米、深3米多的蓄水池。其底面是一个边长约32千米的正方形，里面所有的水重3万亿吨。

积　雪

降雪量和降雨量一样，都用雨量计测量，但必须把雨量容器预先放在温暖的地方，好让里面的雪化掉。如果说"降了10毫米雪"，这并不是说地上的积雪厚度为10毫米，而是说把这些雪换成等量的水的话，会在地表形成一个10毫米深的水层。

---

① 埃及南部城市。

积雪的厚度用量雪尺测量，这种尺子上划分有厘米刻度，安装在没有雪堆也没有风吹散积雪的露天地方。

还有一项具有重要意义的参数，那就是雪的密度，也就是雪融化后变成的水的体积与雪最初的体积的比值。雪越蓬松，密度就越小。一般来说，雪在严寒的天气下特别蓬松；要是天气回暖，情况就相反了，雪会略微融化并沉积下来。

雪是怎么融化的？

在中纬度地区，每年春天都会有融雪，但这种现象至今尚未得到充分解释，很多人也觉得非常奇怪。冬天的积雪那么多，到了回暖时节却那么快就消失了，让它们融化的能量到底是哪儿来的呢？这个目前还不太清楚。对太阳热量的观测表明，早春的太阳提供的热量还比不上辐射散热丢失的能量，或者只比散热量多一点；何况雪具有极强的反射能力，这就说明太阳在融雪中的作用并不大。雨的影响就更小了，因为有计算表明，20毫米5℃的雨水只能让积雪减少半厘米。由此看来，在大地回春的时节，融雪主要是受南方（也就是已经融雪的陆地，或者没有封冻的海洋）来的暖风影响。但这种推测也碰到了一些难题。我们还得对晴朗日子里的太阳辐射、阴天时的天穹辐射以及形成风的空气运动进行许多观察，才能准确判断影响融雪的所有因素。

雪为什么会吱嘎响？

我们都很熟悉冬天里积雪的吱嘎声，特别是严寒的天气下最明显。但并不是谁都知道，这种吱嘎声其实是积雪中的细小冰晶粉碎的声音。每个冰晶都非常细小，破碎时发出的声音人耳未必能听到；然而，积雪是由千百亿个这样的小冰晶组成的，所有的破碎声汇聚起来，就变成清清楚楚的吱嘎声了。

第七章　风

怎么测量风？

风指的是水平方向的空气运动；空气运动得越快，风就越大；运动物体的动能与速度的平方成正比。

水手常常按蒲福风级（蒲福是一名英国海军上将，在 1806 年提出了这个风级）来测量风的大小，风级上的 0 表示无风，12 级表示飓风，其余各级表示介于二者之间的不同强度的风。在气象学上，风是按照其每秒通过的距离（米）来测量的 [①]。

怎么才能知道风一秒钟通过了多少米呢？

风是抓不住的，显然只能用间接的方法。其中一种方法是让风转动由四个朝向相同的半球组成的特殊风车（罗宾逊十字风标），风车转得越快，风也就越大。每个气象站的塔顶都能看到这样的"转轮"风车。风车通过机械传动或电力传动装置与计算回转数的仪器相连，根据计数器来判断风力的大小。这种仪器叫作"风速计"。

还有一个办法是测量风的能量，已知能量与速度的平方成正比，就能算出这个速度。俄罗斯气象站采用的维尔德风标便是以这个原理为基础。维尔德风标是一块挂在水平轴上的板子，上面安有一道带销钉的弧，在风的吹动下，板子就会停在某个销钉的正对面。板子的大小和重量都是确定的，以便确定销钉对应的风力大小。在风很大的地方，还有第二块更重的板子用来测量更强的风。

通过让风抬升重物来测量风力的思想最早可见于莱昂纳多·达·芬奇笔下，他早在 1500 年就描述了类似的仪器。这种仪器后来又由牛顿的同时代人

---

① 蒲福风级及其对应的风速可参见 K. E. 魏格林的《趣味航空学》（时代出版社，列宁格勒，1928）。——原注

R. 胡克^①进行了制作和描述。

在此之前，显然没有精确测量风力的手段；人们只能根据感觉以及风对地面物体的作用来估计风力。在古代民族的生活中，航海发挥着巨大的作用，所以他们对风（至少是局部的风）有着相当明确的概念。

公元前 100 年，马其顿人安德罗尼卡在雅典修建了一座"风塔"，上面有一个三叉戟状的风标，旋转时会用小棍儿指向代表某种风的图案。各种风

图 7-1　雅典风塔复原图，随后的系列图是各个方向墙面上的图案。

---

① 罗伯特·胡克（1635 ～ 1703），英国物理学家、发明家。

北风之神

东北风之神

东风之神

东南风之神

南风之神

西南风之神

西风之神

西北风之神

被表现为男性的图案，雕刻在三角墙上；冷风是穿着厚衣服的老人（"波瑞阿斯"）；温暖的西风是手持花朵或果实的少年。这个风标早就坏掉了，但雕刻有风的图案的塔在雅典保存至今。

比较一下古希腊人使用的风玫瑰图和我们罗盘上的风玫瑰图，就会发现一个有趣的事实：二者除了表示方法不同，其他地方一模一样。如今通用的表示风向的拉丁字母 N、NNE、NE、ENE、E 等，应归功于查理大帝[①]，但也有迹象显示，至少在腓尼基人[②]的时代，人们就已经了解把风向分为八个方向标的做法了。

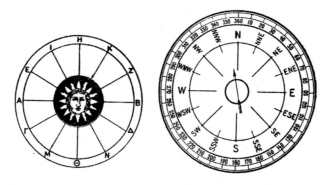

图 7-2　左为标有方向的古希腊圆盘，右为现代的罗盘的方向标。

气象学帮了历史学家的忙

德国气象学家菲克尔教授发现，古代苏美尔人（曾生活在巴比伦并对巴比伦文化产生重大影响的民族）是这样表示天下四方的：东方为山，西方为雨，北方为飑，南方为云。菲克尔教授据此得出结论，苏美尔人的故乡在西

---

① 查理大帝（又译查理曼，742～814），法兰克国王，统治期间卓有建树，人称"大帝"。
② 古代地中海东岸的民族，以航海和经商著称。

突厥斯坦[①]。

"不错，这里简要描述了西突厥斯坦的整个气候状况，"这位学者不无讽刺地写道，"和大多数气候学论著写的几乎没什么区别。对西突厥斯坦而言，东方的山是帕米尔高原；北风带来了极地的冷空气和没有雨水的雪飑；南方是阿富汗的山地，山上经常云雾缭绕；西风通常会带来雨水。"

哪里风最大？

在通常情况下，我们见到的一般是风速 3 ~ 10m/s 的风。低于 3m/s 的风就很弱了，几乎吹不动树上的叶子；高于 10m/s 的风已经很强了，足以把小树吹弯，让人觉得很不舒服。而 15m/s 以上的风就会被气象学家称作"暴风"了。

在中纬度地区，暴风并不常见，但也有些地方由于地理位置的缘故而经常刮大风。比如有些海域，风从水面吹过时很少受到摩擦力的削弱（水面的摩擦力比地表的摩擦力小得多），海岸地带也是如此。此外，空气的密度随着高度的上升而减小，风力则随着高度的上升而增加，所以山上差不多总是比山下风大。另外，凡是与周边地区受热状况相差很大的地区，都具有形成大风的良好条件。

人们曾在北极和南极的冰原上观测到极强的暴风。地球上风最大的地方应该是南极的"阿德雷地"；据毛森[②]在 1912 ~ 1913 年的观测，当地的平均风速超过了 22m/s！那里几乎没有风平浪静的时候；在某些日子里，昼夜平均风速高达 44m/s，个别的阵风可达 90m/s。在这样的风速下，风对每平方米面积的压力会是个不可思议的庞大数字。

---

① 历史地区名，大致包括今天除哈萨克斯坦北部之外的中亚五国领土。
② 道格拉斯·毛森爵士（1882 ~ 1958），澳大利亚地质学家、南极研究者。

新罗西斯克[①]和新地岛[②]的布拉风

有一种特殊的风叫作"布拉风"，在亚得里亚海[③]沿岸和黑海沿岸的新罗西斯克都时有发生。"布拉"这个词本身可能就是从希腊语"波瑞阿斯"来的，指的是强劲的冷风。

亚得里亚海沿岸的的里雅斯特[④]和新罗西斯克一样，都坐落在温暖的海域岸边，与内陆的山地之间隔着一道不太高的山脉。到了冬天，内陆的气温显著下降，与温暖的海岸之间产生了巨大的温差，而且山地还出现了较高的气压。再加上内陆高压的影响，大团的冷空气便会越过山脉，以"下

图 7-3　新罗西斯克，布拉风过后的结冻海岸。

---

① 俄罗斯西南部城市，位于黑海沿岸。
② 北冰洋岛屿群，受俄罗斯管辖。
③ 欧洲南部海域，位于亚平宁半岛（意大利）和巴尔干半岛（阿尔巴尼亚、克罗地亚等）之间。
④ 意大利东北部城市。

降风"的形式朝这个方向降落。当然，我们也不能说冷空气是像瀑布一样垂直下落的；其运动方向与水平面之间的夹角不大，不超过15°。但这已经足以产生相当可观的能量了。

侵袭海面的布拉风会掀起波浪和水花，并立刻把它们冻住，所有物体都会盖上一层厚厚的冰壳。万一碰上非常暴烈的布拉风，连大船也会被冻住或打沉。灯塔和电线杆变成了奇形怪状的大冰块。布拉风产生于从山脉下降的冷空气，它离海岸越远就变得越弱，所以碰上布拉风的船只有一条出路，那就是驶向开阔的海域。

1893年1月3～9日，新罗西斯克刮了一场布拉风，以下是在当地气象站工作了30多年的A.Π.普列奥布拉任斯卡娅对这场风的描述：

"……1月4日。山上一直大雾，到夜间已遮盖住了含山脚在内的整个山区，并以不可思议的速度扩散开来：在海湾里，波浪卷起的水花和水汽与雾气合为一体，因此不仅是海湾对面的海岸，而且靠岸最近的船只也看不清了。傍晚气温为 -7.2℃（上午为 -1.0℃）。

1月5～6日。一直刮NE风和NNE风，伴有强烈的飓风。傍晚气温为 -12.0℃。

1月7日。NE风进一步加强，阵风可达40m/s。上午，海湾上出现了一团卷成椭圆形的云朵，仿佛是绕着一条水平轴转了几圈，临近正午时就消失了。正午12时左右，雨量计的护罩被吹掉了两块铁三角板，为了防止漏斗被吹走，只好将其取下。气温为 -12.6℃。

1月8日。NE风高达40m/s或以上，持续到正午12时。下午5时左右开始起阵风，还变了风向，一阵风吹下了罗宾逊风标，又把它抛了出去，在场地上滚动，弄得皱巴巴又破烂不堪。晚8时左右，露台上一张背靠墙壁、非常沉重的花园铁凳被风吹坏了；风把它从原地掀起来，抛向露台西边的铁丝网，又撞又砸，凳腿深深插进了铁丝网的网眼，后来费了很大工夫才把它弄出来……

1月9日。上午刮 NE 风，个别阵风可达 30m/s，有时几乎是暴风，午间转缓，夜间刮 E 风，风速 4m/s。10 时开始降雨，刮 N 风，气温低于 0℃，因此落下的雨点立刻冻结，在各种物体表面形成冰壳；也有些雨点尚未掉落便已冻结，落下时已是巨大透明的冰晶；降下的冰雪极多，几乎覆盖整个地面。晚 6 时前风几乎停息。

这几日的风掀起了屋顶的瓦片和铁皮，把人吹倒在地，让马车翻倒……港湾里停泊着 10 艘轮船，1 艘双桅木帆船和 1 艘希腊船；所有船只从上到下都被冰壳覆盖了，许多船的桅杆被折断。装满干草的木帆船下了两个锚（其中一条锚链粗 1 英寸，另一条粗 1.25 英寸），还用缆绳（周长 8 英寸）固定在浮标上。然而风浪扯断了锚链和缆绳，把帆船抛到了城里的岸上，彻底毁掉了整根桅杆，还破坏了船的水下部分……新罗西斯克站甚至有车厢和建筑的铁皮屋顶被风掀起，2 节满载的车厢在途中被吹翻，7 节车厢在途中被吹动了 250 丈远，其中两节被吹到了铁轨尚未铺好的路段上，直接越过铁道和行人路，还被抬到了一丈高的地方。一名参加港口建设的工人要在 1 月 4 日乘坐工作列车（6 节车厢和一个车头，不含车头的总重为 4700 普特）从梅斯哈科到新罗西斯克，路程只有约 12 里，却走了接近 5 个小时，在途中停车 6 次去增强蒸汽；迎面吹来的 NE 风威力之强，由此可见一斑。"

类似的气象条件在新地岛也有。这座岛屿的中央是高地，有几面被山脉包围。穿过该岛的风在山脉的影响下改变方向和风力，形成布拉风出现在沿岸地区。很明显，空气的旋转在这里也发挥了重要作用，因为当地有一些独特的蘑菇形山峰，在布拉风刚吹起来时，旋风便会在山顶上创造出特殊的云。早在 1788 年，B. 克列斯季宁[①]就根据梅津[②]工匠的讲述对新地岛做了如下描述：

---

① 瓦西里·瓦西里耶维奇·克列斯季宁（1729～1795），俄罗斯历史学家、地理学家。
② 俄罗斯北部城市。

"严酷的天气从斐理伯斋期①开始，持续到大斋期②，约有3个月之久。暴风常常持续一整周，有时10天，有时2周。在这段时间里，看得见的空中全是厚厚的雪花，像是升腾的烟雾，而人若是看不见营地，就算在空地上也不能不迷路，因为四周除了雪花之外什么都看不见，这种情况下往往会冻饿而死……"

布拉风的风速可达20～35m/s，阵风还可能更强。难怪大风会把船只抛到岸上，把石头从山上吹下，把人掀翻在地呢。

19世纪90年代末，小卡尔马库雷气象站③的观测员约拿修士曾给切尔内肖夫院士④讲了一个故事：有一回，风暴袭来的时候恰逢复活节。修士们手拉着手，和萨摩耶犬⑤一起勉强爬到了教堂；但等到仪式结束后，修士们开始一个个离开教堂时，他们接连被大风掀了起来，随后被四散抛到海岸边或海湾里的浮冰上，而约拿本人被风吹到了离家门口只有几丈远的地方！他大概是把这当作虔诚创造的"奇迹"了。

好大的风

新罗西斯克的人为了研究布拉风，除了城里的主气象站外，还在瓦拉德山脉鞍部海拔435米处（马尔霍特隘口）建造了一个气象站，而瓦拉德山脉便是各种灾难的来源。这里可以当之无愧地称作俄罗斯风最大的地方。在晴朗的夏日，这是个美妙无比的地方。一面是陡峭的悬崖，朝向一望无

---

① 又称圣诞斋期，纪念耶稣基督诞生的斋戒活动，时间为俄历11月15日（公历28日）～12月24日（公历1月6日）。

② 基督教传统中最重要的斋戒活动，纪念耶稣基督复活，每年时间不定且随各地教会而不同，为2月初～4月初。

③ 新地岛南部的气象站。

④ 亚历山大·阿列克谢耶维奇·切尔内肖夫（1882～1940），俄罗斯电气工程学家、发明家。

⑤ 一种大型雪橇犬，在西伯利亚被广泛作为工具犬使用。

际的大海。另一面是比较平缓的山坡，山上是草地或美丽的森林；阳光充足，空气纯净。可到了 11 月就开始刮风了（夏天不怎么刮风），要么是东北来的"诺多风"或布拉风，要么是西南来的"海员风"。马尔霍特的年均风速为 9m/s，有些年头的冬季平均风速高达 14 ~ 16m/s，而风暴中的风速达到 40m/s 也是常事。

马尔霍特站的站长在那里已经工作了约 20 年，是一位热爱这座高山的"爱国者"，他幽默地说："嗯，听我讲讲怎么靠体感确定风力吧。在观测的时候，如果我只能勉强向仪器走去，就是每秒 16 米以上。如果我得抓住路上的所有东西才不会被刮到悬崖底下，就是每秒 25 米以上了。如果我爬着前进，那就是每秒 40 米左右了。"亲眼看看这位身材高大、肩膀宽厚的"马尔霍特人"（这是新罗西斯克人对他的称呼），你就能很清楚地想象到：要是连他都得爬着走路，问题可就严重啦……

站长的女儿告诉我说，有一回她冒着暴风从新罗西斯克回家，路上极其困难，甚至连自家的门都进不了：尽管她抓紧了哥哥，但风还是把两人都吹向悬崖，他们只好坐在地上抓紧墙壁，等到风稍稍平息点儿才爬着到了家门口。尽管有这么可怕的天气，气象站的工作人员依然进行着系统的观测，连一天都没漏掉！

飓风仪

直到今天，新罗西斯克的马尔霍特站都还在用重板的维尔德风标测量风速；更精密的仪器都承受不了当地的风力，也解决不了弄坏过许多台风速计的冬天结冰问题。近年来，马尔霍特站安装了物理学家 М.И. 戈利茨曼设计的"飓风仪"——一种沉重而坚固的仪器。飓风仪其实就是罗宾逊风标，但用的不是转速计，而是一条与仪器同轴的管子，利用管子里的特殊液体的转速来测量风速。在离心力的作用下，风标转得越快，液体就升得越高，并通过化学反应给管子内壁的明胶上色；这样一来，就可以根据上色层的高度来判断任意时段内的最大风力了。

噬雪的焚风

山地国家（特别是冬天）经常会刮一种特殊的风叫"焚风"，其基本原理和"布拉风"差不多。如果山脉的一侧形成了低压区，另一侧是高压区，那么在两个区特定的位置分布下，低压区的空气就会越过山脉向高压区流动。在迎风面爬升时，空气每上升 100 米就降低约 0.5℃，并析出水分形成云和降水。到了背风面，空气已经变干燥了，每下降 100 米会升高 1℃左右，且由于温度上升，相对湿度进一步下降。因此，靠近山脚的空气已经是干燥的暖风了。要是山脉很高的话，特别是在山脉两侧温差不是很大的情况下，空气的受热就极其明显。

举例来说，假设刮风地区的温度刚好是 10℃，山的另一面是 15℃；山脉的高度是 2500 米。在迎风面上升时，空气降低了 $2500 \times 0.5 \div 100 = 12.5℃$，到达山顶时为 -2.5℃。这种温度的空气不可能含有大量水蒸气，其中大部分都变成降水析出了。沿着山脉另一面下降时，空气已经不饱和了，所以每降低 100 米就要上升 1℃，降到地面的温度为 $-2.5 + 25.0 = 22.5℃$。最后在地上形成的温度不是 15℃而是 22.5℃——比焚风之前高了 7.5℃；焚风的湿度也急剧降低了。

这种升温大多是突然发生的，如果焚风出现在冬天，就会立刻让寒冷的天气变得温暖干燥。要是焚风连着刮几天，就会迅速把积雪"吃掉"；阿尔卑斯山的居民便称这种风为"噬雪者"。而积雪融化往往会导致山坡上大量积雪崩落，也就是所谓的"雪崩"，这对登山客是极其危险的。只要出现了焚风的最初迹象——其中一个迹象是山脉顶端形成云墙，也就是所谓的"焚风墙"，他们就得立刻下到安全的地方避险。

刮布拉风时空气也会升温，但从高处流下的气团比焚风冷得多，所以尽管下降时受了热，抵达山脚时还是很冷。从基本性质上看，焚风和布拉风可以说是亲戚。焚风和布拉风一样，都可能达到很大的风力，吹倒林坡上的树木也是常事。

德国著名气象学家菲克尔对焚风作了很好的描述。他特别仔细地研究了奥地利境内阿尔卑斯山的焚风；为了实现这个目的，他年轻时就建立了一系列不同高度的山地观测站。在一篇文章里，菲克尔说自己曾一个季度就从因斯布鲁克（580米）到帕切科菲尔（1970米）[①]55次，合计上山下山150000多米。"为了令材料更加丰富，"他写道，"我主要靠步行来取得博士论文的材料，尽管别人在这种情况下大多喜欢静坐着写作……"

下面是菲克尔在一篇科普文章里对焚风的描述：

"山谷，寒冷的冬夜。深色夜空下的雪山轮廓格外鲜明，空中不安地闪动着几颗星星。几片不寻常的长云悬在峰顶上空一动不动；其中有几片像小旗一样挂在峰顶上。莫非这是山脊上的积雪扬起的飞雪？而山谷里更不平静；夜间寒冷的空气凝聚在谷底；不时有晚归路人踏上冰冻的土地，脚步声突兀地响起。要是他能停下来倾听夜里的寂静，便会觉得仿佛听到了远方的喧嚣——高居山谷上方的山林的声音。奇怪！谷里的树木还被雪压得沉沉下垂，大小枝条披上了闪亮的冰霜，而高处的松林已经脱去雪衣，露出了深色的身姿。

午夜已过。谷里的冷空气团开始移动，继续往下流动。吹起了寒冷的山风，比平时更强……老松林的喧嚣越来越近，越来越响了。冷风越来越强，一阵阵地袭来，树木被风压得弯下了腰，把身上的雪抖落在地上。

天空中升起了朝霞。朝霞的南端盖着一层轻盈的云彩。但这并不

---

① 均为奥地利西南部城市。

是那苍白的、柔和的、预兆着光辉灿烂的冬日的色彩。不，这变化多端的色彩中充满了鲜明而病态的火焰，仿佛某种凶险的预兆。冷空气依然在谷里移动。突然朝山下吹来了一股热风，如同来自火炉般闷热；它从林间呼啸而过，环绕着屋角回旋咆哮，把街上的积雪一扫而空，然后就消失了。焚风与冷空气在谷中的搏斗开始了。太阳已经升起来了，冷气流与暖气流迅速换了位。这是一场顽强的、激烈的搏斗，从高处袭来的一方并不总能占据上风。但多数时候是焚风取得了优势，便形成一股宽广的暖流在谷底横冲直撞。

焚风的工作便开始了。一团团沉重潮湿的积雪从树上掉下来。干燥炎热的气息从草地上和山坡上拂过，吞噬着白色的积雪层。难怪瑞士人把焚风叫作'噬雪者'呢。太阳在几天里都办不到的事情，焚风在几小时里就完成了。冬夜过后是春日，只不过没有鲜花绿草。在陡峭的山坡上，融化的雪水渗到积雪下，像润滑油一样带着雪团滑动：积雪崩落，坠入谷底。脏兮兮的黑色痕迹表明，崩落的积雪已经触及了地面。只有山脊上的高处，才有轻盈的雪片在南风的冲击下飞旋起来。那里依然是寒冷的领域，风暴化为冰冷的气息在峰顶上吹过。

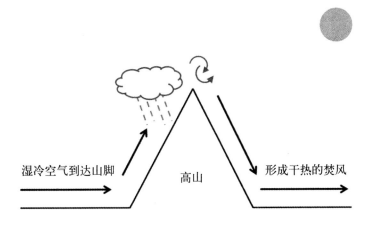

图 7-4 焚风示意图。

焚风是一位出色的画家。远山仿佛近在眼前；深青色和紫色的是山间的树林，精钢般浅蓝色的是雪地上的暗影，天空碧蓝碧蓝的，遍布洁白耀眼的云朵。轻盈的卷云层飘散开来。只有南方和之前一样，尽管狂风呼啸，还是立着一道岿然不动的云墙——'焚风墙'。

山里的居民都知道，焚风是坏天气的预兆。当焚风快要过去时，西方通常会出现一层越靠越近的乌云。随着一阵阵强风袭来，暖风的力量减弱了，仿佛知道西方来了个强劲的对手。沉重的冷空气来到了山脉跟前，冲破阻碍进入山谷，带来了降雪和降雨。它们穿破了焚风的暖流，迫使焚风往上退却。焚风在高空中还能刮一段时间，直到冷空气充满整座山谷，笼罩最高的山峰，把它彻底从地上挤出去为止。我们叫作'焚风'的这种奇妙的天气现象就这样结束了。"

如何让风为人工作？

风有这么大的力量，里面蕴含的大量动能却白白浪费掉了，有时还会给人造成损失，这岂不是很气人吗？就不能让暴风做点有用的工作吗？

早在很久以前，人们就提出了利用风能的问题。最简单的解答方案就是风磨。堂吉诃德曾与风车大战一场，而这是 16 世纪初的文学作品里的情节了[①]。据认为，风磨发明于12世纪初。而帆船队利用风能航行的想法自然比这还要早得多，因为所有古代民族都很熟悉帆船的运用。

除了个别小船之外，如今的帆船早已被轮船取代了；而风磨自堂吉诃德的时代以来似乎都没怎么发展过……莫非风能的运用真的无利可图吗？

问题在于，风不是时时刻刻都有，风力发动机也就无法持续工作。只

---

① 长篇小说《堂吉诃德》是西班牙著名作家米格尔·塞万提斯·德·萨维德拉（1547 ~ 1616）的代表作，主人公堂吉诃德是一位读骑士小说走火入魔的乡绅，曾将风车幻想成巨人而冲上去与之战斗，结果被风车打得头破血流。

要风一停，发动机就罢工了，要是风打定主意一周不动，你也拿它没办法是吧。所以，在需要发动机持续工作的地方，利用风能就是很不方便的，除非在发动机运转时把能量储存起来，比如给蓄电池充能之类的，等到风停了再拿出来用。但这就让问题变得复杂多了。

尽管如此，俄罗斯的草原非常开阔，没有障碍，所以风力很大也很少停风，那里的风磨还没有退出历史舞台；另外，近年来国外（特别是美国）出现了许多各式各样的风力发动机，用在小型企业特别成功。当然，每次使用前都得考虑到当地的风力条件、平均风速、停风频率等。这些问题可以由气象学观测来回答；也有些地方建风车是毫无意义的。但总的来说，目前的风能还远远没有得到应有的利用。

近年来，莫斯科的空气动力学研究中心（简称空研中心）正对这个问题展开全面考察。中心深入研究了风车最合适的形状、大小和叶片数，以及如何将不同类型的风力发动机用于不同的目的和地点。在科斯特罗马①，

图 7-5　传统荷兰风车。

---

① 俄罗斯中部城市。

图 7-6 复杂的美式风力发动机。

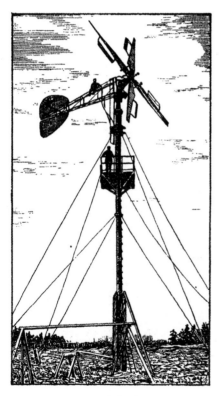

图 7-7 空研中心在科斯特罗马建造的
风力发动机。

空研中心已经建造了一台实验性的风车，取得了很有益的成效，还成功解决了一系列与风能利用相关的技术问题。

在马尔霍特这种风力极大的地区，要建造风力发动机会碰到一些困难，主要是建筑本身必须具有很高的强度。叶片转得太快很容易导致风车损坏，得有一系列自动设备来调控叶片的转速，何况风车本身也未必能承受住暴风的袭击。但空研中心对马尔霍特也产生了兴趣，并在那里做了一些特殊的研究。毫无疑问，我们的科技最终必将获胜，至今一直被白白浪费的风能也终将被人类彻底掌握。

第八章　如何让天气自我记录？

自动记录仪

各国的气象观测都在相同的时段进行（上午 7 点，中午 1 点和晚上 9 点），只有些许的偏离：某些国家选择的时段是上午 8 点、中午 2 点和晚上 9 点。并且这些时间不是民用时 ①，而是当地的太阳时，因为所有气象要素都是按照太阳在天空中的移动来测量的，而为了这些测量能相互比较，就得在太阳位置相同的同一时间进行测量，不论当地的经度如何。

之所以选择这几个时段，一方面是因为其平均值最接近一昼夜 24 小时的平均时间，另一方面是为了让观测者不至于太过不便。换作是在夜里的话，观测就相当麻烦了。

然而，气象要素也会发生一些有趣的变化，有的是在特殊天气条件下的随机变化，也有的是大气运动普遍规律作用下的变化。这些变化自然不都发生在观测的时段里。为了测量持续的气压变化、湿度变化和气温变化等，人们设计出了一系列仪器；有了这些仪器，不怎么需要人的干预也能让天气进行"自我记录"。

这类仪器的思路是：当气象要素具有某个数值时，把这个数值以及出现数值的时间记录下来。确定时间自然是用钟表，而确定数值用的是一种传感器，它会在外部作用下发生特殊的变化，并将这种变化传导给仪器的记录部分。

由此设计出的"自动记录仪"的整体外观如下：首先有一个滚筒，在钟表机构的作用下匀速旋转，然后还有几个连接着钢笔尖的接收器，钢笔尖在滚筒的带动下把气温、湿度和气压等要素的所有变化都记录下来。钢笔尖会向上或向下运动，而旋转的滚筒会产生水平方向的运动——结果就

---

① 即格林尼治时间，英国伦敦附近格林尼治天文台的地方时间，也是本初子午线（0° 经线）所在的时间。

画出了一道波浪线，只要知道气象要素最初的时间和最初的数值，就能找到任意时间点的对应数值。

气压自记仪的传感器是一个真空的气压盒（跟膜盒气压计一样）。当气压升高或降低时，盒子会相应地压缩或膨胀，并通过杠杆将其运动传导给钢笔尖。

气温自记仪（温度表）的传感器是一块金属板，它由两种膨胀系数不同的金属熔铸而成。在气温发生变化时，两种金属的膨胀或收缩程度不同，

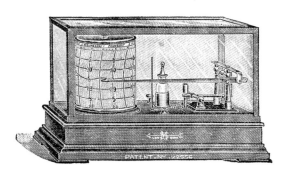

图 8-1　气压自记仪。

图 8-2　降水自记仪。

金属板就会弯曲，其运动也会传导给钢笔尖。

风力自记仪（风力表）上有一个旋转的罗宾逊风标，特定的转数会接通电流，在滚筒上画出锯齿图形。锯齿越密集，就说明风力越大。还有几种非常复杂的风力表能同时记录风速的变化和风的来向。

在湿度自记仪（湿度表）上，湿度的变化是通过一束女性头发的长度变化来记录的。这一点我们之前已经提过了。

图8-3 风速自记仪。

图8-4 日光自记仪。

可以对画出曲线的滚筒进行设定，使得其完整旋转一圈的时间为一昼夜、一周或一个月，相应就有了"昼夜"自记仪、"周"自记仪和"月"自记仪。等滚筒旋转设定的时间过去之后，只需重新设定机构，换掉卷在滚筒上的纸张，仪器就能重新开始记录而无须人力干预。

必须指出，这些自记仪只是"相对"的仪器，也就是说，它们记录的不是气象要素的数值，而是气象要素的变化。我们把钢笔尖放在哪里，它就从哪里开始记录。因此，自记仪的记录必须经常与"绝对"的仪器——气压计、温度计、干湿计等的示数作比较，所以说自记仪并不能取代人去进行定期的气象观测，而只能在观测时段的间隔代替人的工作。在利用绝对仪器进行观测时，观测者会不时提起自记仪的钢笔尖，在对应的相对仪器上留下记号，为的是后面能比较绝对仪器的观测和自记仪的记录。此外，还得定时检查滚筒的钟表机构，因为它和其他钟表一样，都可能走慢走快。随后再根据这些记号来"加工"自记仪的曲线。

科学如何利用风筝

有谁小时候不曾放过风筝，想让风筝尽可能飞得高点儿呢？随着人们对高层大气的兴趣日益高涨，学者们自然也产生了用风筝把气象仪器送上高空的念头。这种尝试最早是在 1749 年的英国，威尔逊和梅尔维尔把特

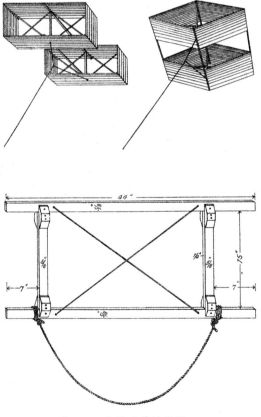

图 8-5　盒状风筝结构图。

殊构造的温度计装在风筝上送上天空。但真正具备了科学价值的是放飞自记仪的实验，并且使用的风筝不是一般的平面风筝，而是盒状的矩形风筝、三角形风筝或半月形截面的圆柱体风筝。最早的盒状风筝是哈格雷夫在1890年制作的，它的各个变种直到今天都还在使用。这种风筝通常是拴在一根金属绳上，利用机械或电动绞车放飞，"领头"的风筝后面还常常连上辅助的风筝，这样便成了一整串风筝在空中翱翔。

领头的风筝上还挂着一个特殊的仪器——"气象计"：它是前述所有自记仪的集合体，但个头更小。上面有气压表、温度表、湿度表，还有安着罗宾逊风标的风力表。每个自记仪都在滚筒上画出自己负责的曲线。等飞行结束后，人们把仪器取下来，对这些曲线进行加工，也就是计算出仪器飞行高度的气压和气温，然后更精确地计算每个高度对应的气温、湿度和风力。

图8-6是B.B.库兹涅佐夫[①]的风筝气象计提供的两份记录以及气象计本身的样子。第一个是伴有"逆温"的上升记录：在到达对流层边界之前，气温随着高度的上升而下降，所以气温曲线通常是和气压曲线精确对应，完美重现后者的波动；而在这个例子中，从仪器起飞开始，气温曲线就开始下降，气压曲线却开始上升——这就说明空气里有一个随着高度上升而变暖的气层，也就是"逆温层"。

第二个是没有逆温的上升记录：气压曲线和温度曲线的走势相同。

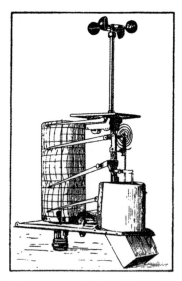

图8-6 B.B.库兹涅佐夫的风筝气象计。

① 瓦西里·瓦西里耶维奇·库兹涅佐夫（1866～1938），苏联气象学家、水文学家，早期高空气象观测的组织者。

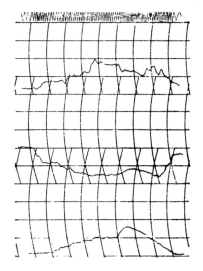

图 8-7　风筝气象计的记录。第一条曲线描绘了风速，第二条曲线是湿度，第三条是气温，第四条是气压。伴有逆温的上升：气温随着气压的降低（也就是高度的上升）而增加。

如果情况恰好相反，冬天的气温随着高度上升而急剧下降，就预示着严寒还会持续甚至是加剧。比如说在列宁格勒，白天在 1000 米高空观测到的气温，到了傍晚就会"降落"到地上。在夏天，如果 1000 米高空的气温低于 0℃，傍晚就可能出现霜寒。

风筝上升的高度或高或低（取决于风力大小），还可能升到放风筝的小孩儿做梦都想不到的高度。放风筝的世界纪录是 9470 米——比珠穆朗玛峰还要高！创下这个纪录的是林登堡

在看着没完没了的严寒天气中，这种逆温现象总会让观察者高兴起来。如果升空的风筝带来了明显的逆温记录，就说明高空中已经有了暖空气流，并且很快就会到达地面，严寒的天气也就结束了。

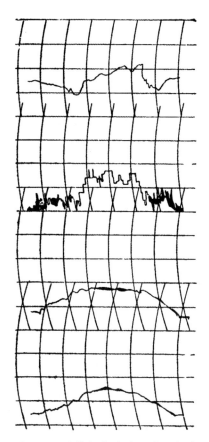

图 8-8　风筝气象计的记录，上升的最高点附近有非常微弱的逆温现象：气温曲线与气压曲线几乎完全相同。

（在柏林附近）的航空观测台，这是全球首屈一指的高空气象观测中心。在俄罗斯，当时的风筝观测（以及所有高空气象观测）在列宁格勒附近的巴甫洛夫斯克高空气象观测台定期进行。1928 年 3 月，这里创下了当时俄罗斯的风筝纪录——5170 米。风筝飞行的平均高度是 1.5 ～ 4 千米，因此我们可以说，离地 4 千米以内的大气已经得到了相当充分的研究。

高空气象观测提供了什么

高空气象观测的一种实际运用是为炮兵服务。飞行的炮弹所受空气阻力取决于空气的密度，而密度又取决于气温。因此，了解地表上空不同气层的气温分布状况就非常重要了。

高空气象资料对各种航空器也具有同等重要的意义。不了解飞行高度的气象状况，飞行员就可以说是"蒙着眼睛"在飞行。世界各国都有专门的气象局为航空服务。

高空气象在天文学中也有重要的应用。我们知道，光学中有一个重要的现象叫作"折射"，也就是天体的光线在地球大气中会发生曲折；由于折射的缘故，月亮、太阳和星星在我们看来都高高地悬在地平线上空，而实际上它们并没有那么高。大气中光线折射的程度取决于大气的密度，所以气象学又能帮上天文学的大忙了，让人们能准确判断大气中不同密度的气层的交替分布状况。

除了与上述类似的应用之外，高空气象资料本身自然也有很高的科学价值。要阐明雨、雪和云的形成条件，了解与天气紧密相关的各种空气运动，就必须掌握高空气象资料才行。解开天气谜团的"钥匙"不在地上，而在高层大气之中。高空气象学是一门还很年轻的科学：它的年龄还不到半个世纪呢[①]；但它的未来是光明的，前途是广阔的。

———————————

① 高空气象学形成于 19 世纪末。

探空气球

　　风筝的飞行高度总归是有限的：它飞得越高，牵引的绳索就越长，其重量最终会把风筝拉回地面，就算是用很大的风筝也无济于事。

　　前面已经提到过气球的科考飞行了。乘坐气球可以飞到风筝从未抵达也难以企及的高度。然而，除了要耗费大量金钱之外，自由气球飞行还要求飞行员有强烈的进取心和冒险精神，有时甚至要自我牺牲。艾斯曼和贝尔松写过一本书叫《科学的空中飞行》，其中有几章描述了这些飞行，吸引

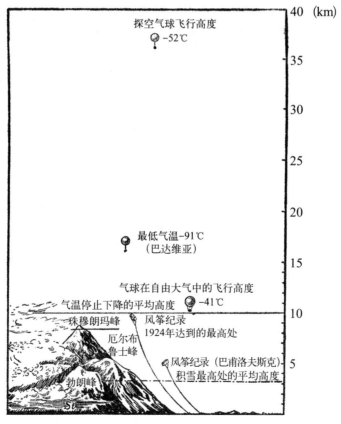

图 8-9　探空气球在大气中的飞行高度。

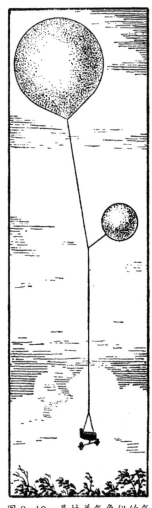

图 8-10　悬挂着气象仪的气球正在飞行。

了广大读者的阅读兴趣。1901 年，贝尔松和久林乘坐开放吊舱的气球飞到了 10800 米的高空。B.B. 库兹涅佐夫组织并完成了一系列自由科考飞行，俄罗斯最早的高空大气观测也正是在他的领导下组织起来的。

后来，航空器取代了气球飞行的位置，人们开始把自记仪安装在飞机的机翼上，就这样在环游各国的途中取得了许多宝贵的记录。

有一种专为超高空飞行设计的密闭吊舱式气球叫"平流层气球"，前面已经说过，它可以飞到很高的地方：我们看到，"国航化 I 号"升到了约 22 千米的高度。

然而，人类还无法企及的高度却可以由探空气球来实现：它可以乘着风自由飞行，不用载人也不用绳索牵引。最早的探空气球是用纸做成的，如今更简易、更廉价的则是橡胶气球。气球里通入氢气，充气到周长 500 ～ 600 厘米；也就是说，这个气球的直径差不多有 2 米长。气球上挂着仪器，本质上和风筝上的仪器相同，但也有少量区别。首先，气球仪器不能记录湿度，因为高空中的湿度非常小，湿度计就不精确了[1]。其次，气球上也没有风力记录，因为气球本身是顺着风飞行的，自然就感受不到风力了。最后，墨水在高空中会被冻结，所以气球仪器的滚

_____

[1]　近年来，气球上的气象仪得到了完善，获得了记录湿度的功能。——原注

筒上包裹的是熏黑的纸张，钢笔直接用尖端在煤灰上画出曲线就行了。

最高的探空气球飞行是 1912 年在意大利的帕维亚^①进行的：它飞到了 36 千米的高空。人类还在一步步地征服着高度：在地上，人类已经把旗帜插上全球最高的山峰——珠穆朗玛峰了；在空中，人类正在追求极限高度。

去找探空气球！

探空气球的仪器放在一个很轻的金属盒或金属篮里，系在气球下面。仪器上还挂着另一个小得多的气球或降落伞。当主气球承受不了高空的低压而破裂后，另一个小气球本身还勉强飞得起来，但挂上仪器就飞不动了；所以它会带着气球平稳地飘落到地面。这样比降落伞方便，因为气球在空中晃悠更容易吸引路人的注意。

仪器的匣子上写着观测台的地址，请求发现者把气球和仪器送回那里，通常还有报酬。用这种办法放飞的仪器大多被人们找到了。

记录被发现者破坏的情况非常少见，但也有一部分气球飞到了森林、沼泽或大海里，就这样失踪了。尽管如此，就算是在地理位置非常不利的巴甫洛夫斯克附近，以及拉多加湖^②和芬兰湾^③，放飞的气球中也有70%被找回来了。

气球能飞多高，能飞多远？

气球的负重越轻，飞得就越高。因此，尽量减轻仪器的重量是很关键的。而气球仪器中最重最贵的就是钟表机构了。高空气象学家 П.А. 莫尔恰

---

① 意大利西北部城市。

② 俄罗斯西北部大湖，位于圣彼得堡西侧。

③ 波罗的海东部海湾，位于俄罗斯与芬兰之间。

诺夫^①设计了一种没有钟表机构的气球自记仪：它的滚筒由一个特殊的螺旋桨来转动，而螺旋桨又是靠着气球的上升来旋转的。

然而，气球飞得越高，风就越大，所以它可能飞到很远的地方：这未必是件好事，特别是在地广人稀的地区。因此，高空气象观测台经常放飞一种带有导火线的气球，到了一定高度就会烧断连接两个气球的绳子。大气球继续往上飞，小气球就带着仪器降落了。

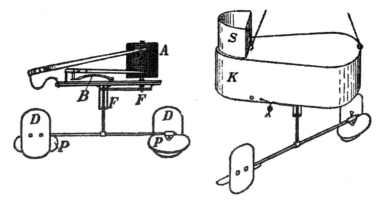

图 8-11　莫尔恰诺夫的探空气球气象计。左边是没有罩子的仪器：可以看到一个熏黑的滚筒，上面连接着螺旋桨和记录气压与温度的钢笔尖。右边是装在防护罩里的仪器。

在个别情况下，自由放飞的探空气球可以飞到几百千米远的地方。举个例子，巴甫洛夫斯克放飞的一个气球落到了 300 千米外的华沙铁路上；另一个放飞的气球飞过了约 600 千米的距离。后来很难搞到又大又贵的橡胶外壳了，气球做得比原来小，所以不会飞得那么高、那么远。但高空研究具有很大的意义，人们又提出了制造更大的气球外壳的问题。俄罗斯的"红三角"气球上装备了特制的外壳，在没吹气的状态下直径也

---

① 帕维尔·亚历山德罗维奇·莫尔恰诺夫（1893 ～ 1941），苏联气象学家、无线电探空仪的发明者。

可达 1 米长。

此外，飞行的距离也取决于风和放飞气球的时间。最高的探空气球飞到了 36 千米以上的高度，它降落的地方离起飞的地方很近，因为那一天没怎么刮风。

没有护照的境外来客

有时候，在俄罗斯边境附近的地区特别是南部边境，人们会意外发现一些从英国或德国放飞的气球。这些"没有护照的客人"都被邮寄回去，并且采取各种措施防止记录受损。举个例子，曾经有个放羊的小姑娘看到天上掉下了一个气球，上面还有一张写着德文的字条。当地农民把气球送到了科诺托普气象站。气象站的人解读了留言，发现气球原来是从萨克森^①的开姆尼茨放飞的。他们自然把这个发现通报给了德国的高空气象学家。这样看来，气球飞过了约 1500 千米的距离。

自由大气的无线电信号

无线电技术的发展和完善自然给气象学家提了个问题：能不能利用无线电信号，把人难以直接到达的区域（特别是高层大气）的天气信息传递到地上呢？我们每时每刻都需要这些信息，却不能天天都进行平流层气球飞行。风筝自记仪的飞行高度有限，而搭乘探空气球的仪器不太好找，很多时候根本就找不到。在人口稀少的地区和沙漠放飞气球也不划算，更别说极地国家了——根本就没人去找气球呀。然而气温、湿度和风力的信息对于天气预报以及其他许多实践问题的解决是多么重要啊——要是能在观

---

① 德国东部地区。

测的时候立刻收到就好了!

近年来，许多学者都在想办法解决这个问题，其中有俄罗斯学者也有外国学者，最后成功找到了一个完全可用的解决方案。1930 年 1 月 30 日，高空气象学家 Π.A. 莫尔恰诺夫在巴甫洛夫斯克的高空气象观测台放飞了世界上第一个"无线电探空仪"。

用无线电传递气象信息的一种原理是这样的：设想有一个表盘，上面有一个靠钟表机构匀速旋转的"时针"T。表盘上还有个接点 A，当时针从上面掠过时便会闭合，并发出一个特定的信号。这个表盘上还安装着一根与温度传感器相连的"温度针"t；它的运动就不是匀速的了，而是取决于时段内的温度变化。时针从温度针上掠过时也会启动接点。只要知道固定接点 A（为了加强区分度，可以把它表示为双重的 AA）与温度针的接点之间的时段长短，就能确定温度的变化幅度，要是还知道起始温度的话，就很容易算出任意一个指针相交的时刻的温度值了。如果再加上几根表示气压和湿度等要素的指针，就能取得这些要素的数值；只需为每个要素设定各自的信号就行了。利用无线电发送器把这些数据传走，就能在安装有无线电接收器的地方接收到了。

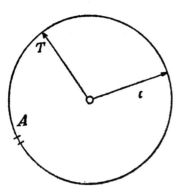

图 8-12　无线电探空气球图示。

这个思路看着简单，技术上实现起来却困难得很；尽管人们确实照着莫尔恰诺夫的指示制作出了这样的仪器，但俄罗斯的第一个"无线电探空仪"和后来放飞的气球都是按着另一种原理设计出来的 ①。第二种原理的情况看起来要复杂一点，但组建起来更简单也更廉价。第一个无线

① 令钢笔沿着特殊的梳齿移动的原理，也就是所谓的"梳形仪器"。——原注

电探空仪飞到了约 10 千米的高度，半小时后就传回了信息，再由人们用电报通报给了气象局。

无线电探空仪加上电池组和传感器等组件会非常沉重，所以必须用非常大的气球或一连串普通的探空气球把它升上去。

在这方面，巨大的气球外壳的作用就特别突出，因为只有大气球才能飞得很高。用"红三角"气球搭载的无线电探空仪一下就升到了 15 千米以上的高空；而用大量（10 ～ 12 个）直径 30 厘米的气球搭载的无线电探空仪通常只能升到 10 ～ 13 千米。

图 8-13　用 11 个气球升空的无线电探空仪。

北极的无线电探空仪

如今，高空气象观测台每天都会放飞无线电探空仪，这些探空仪经常能飞到平流层中。这里就不必担心仪器找不找得到了：它已经完成了自己的任务，通报了高层大气中发生的所有情况，我们自然是希望能把它找回来，但就算是找不到了也已经取得了完整的结果。因此，这种仪器在极地观测站具有不可或缺的作用，第二次国际极地年（1932 ～ 1933）的研究中，人们组装了许多无线电探空仪。1931 年，在 LZ-127 号齐柏林飞艇飞往北极的途中，参加飞行的莫尔恰诺夫放飞了四台无线电探空仪。其中三台飞到了 16 千米以上的高空，取得了非常出色的成果。在法兰士约瑟夫地和新地岛，人们每个月都要靠无线电探空仪进行观测，并已从高空取得了许多有趣的资料。普通的探空气球在北极毫无用武之地——能把它们找回来的恐怕只有北极熊喽。

无线电探空仪与旱风

很多地区面临的一个重要经济任务就是同旱灾和旱风作斗争；要解决这个任务，就得研究高层大气的气温和湿度的走势。但干旱地区的有些部分是人口稀少的荒漠，探空气球放飞后是找不回来的；而风筝也只能起到部分作用。在这里，无线电探空仪再次帮了我们的忙。俄罗斯的东南部曾建设了一些风筝站和无线电探空站；这样一来，无线电探空仪就能为解决这个重要的经济任务发挥不小的作用了。

无人观测站

能用无线电传递气象信息的地方自然不限于高层大气，还有地表上的任意一个地点。在我们感兴趣的地方，比如高山、荒漠或极地海域的浮冰上，我们都可以建立所谓的"自动观测站"，它能在无人操作的状态下记录天气状况，并把它传回我们的接收站。如果要传递许多气象要素的信息，事情自然会变得很复杂，但这归根结底只是技术问题罢了。我们在这方面已经取得了许多成就，"全自动气象站"想必只是不久后的将来的事情了。

如今，莫尔恰诺夫式的实验性自动气象站已经由戈尔布诺夫 [①] 的考察队在斯大林峰 [②] 上建立起来了，此外还计划在法兰士约瑟夫地建立新的气象站。

---

① 尼古拉·彼得洛维奇·戈尔布诺夫（1892～1938），苏联国务活动家、地质学家、化学家，1932～1935年率队对塔吉克和帕米尔高原进行科考。
② 今名伊斯迈尔·萨曼尼峰，塔吉克的最高山峰。

测风气球

所谓"测风气球"，是一种比探空气球小得多的橡胶气球。这种气球上不悬挂任何仪器，可以说是放出去就不指望找回来了——只是为了能观察气球在空中运动，测出当时的刮风状况。好比我们把纸片扔进漩涡里，就能观察水流的运动。

图 8-14　用管子为测风气球充入氢气。

观察测风气球要用一种特殊的仪器，叫作"水平仪"。我们透过水平仪的管筒观察气球，每分钟都能根据圆圈标尺算出气球与地平线之间的夹角，也就是"垂直角"，此外还有穿过气球的垂直面与地球子午圈之间的夹角，也就是"水平角"。设置两个相距 1 ～ 2 千米的水平仪，同时对一个气球进行观测，每分钟都能得到两组夹角，由此便能求出气球的高度。

图 8-15　用来观测测风气球的水平仪。

在踏上空中旅途之前，飞行员都会放飞一个测风气球。已知测风气球的大小，飞行员就能算出气球每分钟上升的距离，也就能知道起飞之后任意时刻的气球高度。再用水平仪观测气球，便能同时得知气球相对于地平面的角高度和水平角。由图 8-16 可见，用这个办法还能确定气球每分钟内的水平运动状况，也就相当于风的运动状况，因为气球是随风飞行的。把气球每分钟飞过的距离除以 60，就能求出风速（m/s）。在实践中，上述计算都是通过各种装置和表格完成的，且计算得非常迅速。还没等气球爆炸或躲到云中呢，经验丰富的观测员就能告诉飞行员：什么高度会碰上大风，什么高度风平浪静，什么高度有云在飘荡。

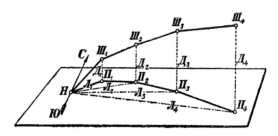

图 8-16　如何根据测风气球确定风速：加粗的线条是气球运动路径的水平投影。已知气球的高度和计算时刻的垂直角（用水平仪测得），便能算出 $Л_1 \cdots Л_4$ 等线段的长度；令这些线段从 H 点出发，与子午线 CЮ 之间形成水平角（地平经度）$a_1 \cdots a_4$（用水平仪测得），便能得到交点 $П_1$、$П_2$、$П_3 \cdots$；由此不难求出气球的水平移动速度（风速）及其运动方向。

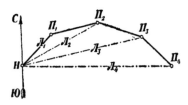

图 8-17　测风气球在空中的运动图示：H 是气球的观测点，CЮ 是子午线，$П_1$、$П_2$、$П_3 \cdots$ 是计算时刻的气球位置，$Д_1$、$Д_2$、$Д_3 \cdots$ 是计算时刻的气球高度。

第九章　气象学中的太阳和月亮

光斑与冰坠

许多人应该都在晴朗的日子里见过这种景象：一束阳光照射到吊灯的玻璃坠上，经折射和反射在墙上形成了奇异的七彩光斑。在大冷天的日出和日落时分，向阳面偶尔也能看到七彩的光柱。这两种现象非常相似，按理早该启发人用玻璃坠产生光斑的原理来解释天上的光柱了。然而，正确的思想须经历千辛万苦，才能从迷误和偏见中杀出一条血路。对彩虹及太阳周围的彩光（又叫"日晕"或"幻日"）的科学阐释便经历了这样一条艰辛的道路。早在莱昂纳多·达·芬奇的笔记中就对彩虹的本质作了正确的暗示，但尽管如此，1624 年的宗教裁判所[①] 依然迫害了写书阐释彩虹起源的大主教安东尼奥·多米尼斯；他在监狱里就病死了，由此逃过火刑一劫，但书和作者的遗体依然被处以著名的"信仰之刑"[②]。

在阳光的照射下，装水的玻璃瓶会折射出七彩的光带，这其实就向我们说明了彩虹的来源；彩虹也可以用人工手段制造，比如说背对太阳面朝喷泉，就能在水雾中看到彩虹。但要解释"日晕"（也就是太阳周围的彩色光圈；"日晕"一词来自希腊语 γαλος，意思是"打谷用的圆盘"）就不那么容易了。这里和彩虹现象不一样，并没有什么能折射或反射阳光的雨滴。天空晴朗明净，偶尔能看到几朵薄薄的层卷云。这几朵云正是解开谜团的关键。云由冰晶组成，而冰晶就好比是天穹下的云吊灯的空气坠。冰晶呈六棱柱状或片状（见图 9-1）；它们在云里有各种不同的组合，由此解释了为什么太阳或月亮边上会出现千姿百态的光晕现象，像什么幻日、日轮、光弧、巨形光镰或光柱等。有时候，这些冰晶的聚合用肉眼看不见，天空看上去一尘不染，这就更让观测者感到惊奇了。

---

① 中世纪西欧天主教会设立的机构，主要负责逮捕、审讯和裁决"异端"。
② 西班牙语 acto de fe，直译"信仰之举"，指宗教裁判所所用以镇压"异端"的火刑。

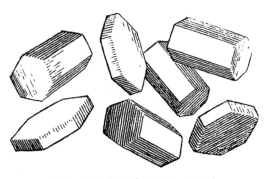

图 9-1 引起日晕的冰晶（放大）。

日晕现象向来都能引起极大的兴趣，并被当作各种事件的预兆。下面是一名修女记录 1877 年战争的日记，里面详细地描述了一种天兆：在一月的严寒中，天上的太阳两侧出现了两个金杯，金杯里各有一个十字架；太阳上空出现了一把镰刀，刀刃是青蓝色的，而刀柄如火焰般燃烧；此外，太阳本身也处于一个巨大的十字架内部。很明显，这里描述的是两个叫作"幻日"的日晕（太阳附近的光斑）。日晕在地平线附近会拉长，这正是我们在日出日落时看见的七彩光柱。当太阳升到一定的高度时，日晕就会变圆，偶尔也会保留朝上或朝下的凸起。这样的日晕就可能被人当作"金杯"。金杯里的"十字架"就很好解释了，因为日晕和太阳中间偶尔会穿过一道水平的光带。而"镰刀"当

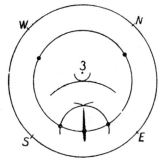

图 9-2 日晕的图示。NESW 为地平线（东西南北）。太阳和光柱在东南方向，两侧的幻日与圆圈相交。天穹（3）上是相切的弧。

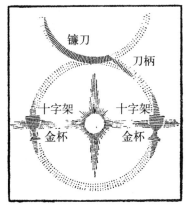

图 9-3 1877 年的日晕：虚点表示日晕的不可见部分。

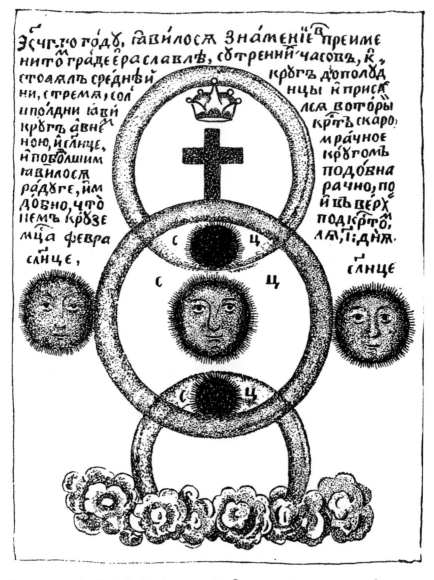

图9-4 1785年（按古代的纪年是7293年）①2月10日在雅罗斯拉夫尔②出现并被俄罗斯书吏记录下来的日晕；这份手稿保存在列宁格勒的公共图书馆里。

① 古罗斯的编年史家认为，耶稣基督降临的时间约为创世纪之后5500年（以5500前后为元年）。

② 俄罗斯中部城市，历史名城。

然就是外接光圈了，它的可见部分是一段圆弧。另外补充一点：外接光圈的可见部分是光谱中的青光区和紫光区，所以"镰刀的刀刃"看上去是青蓝色的。与此相反，真正的日轮通常是光谱末端的红光区，所以"刀柄"（日轮的一段）才被说成是"如火焰般燃烧"。

这个例子说明，看似不可思议的现象，解释起来却极其简单。另外，奇幻的描述与现实如此相符，让我们能重现自然现象的图景，详细描述它的每个细节——只需站在古代作者的角度，理解古人的用语即可。俄罗斯的编年史中也有大量对太阳附近的"天兆"的描述，比如说"巨镰现空，刀尖朝北"——这极其准确地描述了太阳处于南天中时的外接圆的情景。

太阳的游戏与绿色的光

有谁不曾听说，复活节那天的太阳在升起时会"做游戏"呢？这种民间迷信有时也会算到圣伯多禄日①和伊万·库巴拉节②。所谓"做游戏"的意思是，日出时的太阳时而变暗，时而变得比平时更亮，时而改变了色彩，时而好像在"眨眨眼""跳一跳"，时而仿佛被鲜血浸染。据认为，看到太阳的"游戏"会带来幸福。人们还说，在伊万·库巴拉节，太阳从地平线上升起时会"洗洗澡"——它时而上升，时而下落，仿佛是在为洒遍大地的美景而自豪。太阳"做游戏"的迷信有时也同其他的日子联系在一起。

民间的这种观察有多符合实际呢？有些民俗学家认为，这不过是教育水平不高的民众的胡思乱想罢了。我们来看看到底是不是这么回事。

这类迷信大多把太阳的"游戏"定在两个时期——春分前后和夏至前后，上述的节日都是在这两个时期庆祝的。按民间的说法，"游戏"本身

---

① 纪念耶稣基督的首席门徒圣伯多禄的基督教节日，俄历 6 月 29 日（公历 7 月 12 日）。

② 俄罗斯民间节日，俄历 6 月 24 日（公历 7 月 7 日）。

有两个特点：一个是日出时的太阳的位置迅速变化，也就是不时跳动几下，然后又回到了原来的位置（"欢腾""玩耍""洗澡""时隐时现，时而翻身，时而下落"）；二是日出时的日面发生了歪曲（"四分五裂""一分为二"）；三是太阳的颜色在不断变化（"色彩千变万化——有蓝有绿，七彩纷呈"；"闪烁着五颜六色的火焰——有绿，有红，有黄，不一而足"；"时而变绿，时而变青，时而变红"）。这些资料来自不同的地方，却都包含有共同的特征，说明我们面对的并非想象，而是现实的观察。这些记录用大气光学的事实就很容易解释，可以归结为两类现象——异常反射和色散现象。

我们知道，地平线附近的天体会呈现出虚假的面貌和位置，这是由于光线折射的缘故；与高空中相比，光线要穿过更厚的空气层才能进入观察者的眼睛。在这种情况下，太阳常常会变成椭圆形，看起来又大又红。而大气并不总是风平浪静，不同气层的受热状况不尽相同，这就进一步歪曲了地平线附近的天体的真实面貌；太阳仿佛会蹦蹦跳跳、一分为二或四分五裂。这种极为罕见的现象难免会吸引人们的注意。

图 9-5　日落时的日面歪曲（据 П.И. 布罗乌诺夫）。

在春分前后（3月和4月），天气一天天地变暖，上述的歪曲现象就特别明显，因为日出时太阳对空气的加热与春季的升温合在一起，加剧了大气的扰动。秋天的情况恰好相反：气温的下降抵消了通常日出时的升温，缓和了不同气层的温差，也就不会产生像春天那样强烈的歪曲现象了。这也就是为什么以前都把太阳的"游戏"归到复活节或圣母报喜节[1]等春天的节日了。

清冷的黎明是夏至时期的典型特征。随着太阳从地平线上升起，夏天的热流与清冷的黎明形成了剧烈的反差，这同样会破坏大气的平衡，导致异常的折射和日面的歪曲。

有趣的是，早在《拉夫连季编年史》[2]中，作者就在6738年（1230年）的记录中描写了异常反射导致的日面歪曲："还是在五月的第十天，复活节后第五周的星期五，我看见初升的旭日，如三角与饼，随后似乎变小如星，就此消失，随后又逐渐升回原处。"这种现象不可能是日食，而只能理解为太阳的"游戏"，也就是说太阳蹦蹦跳跳地出现，又从地平线上消失，日面歪曲成了饼形、三角形和星星般的小圆点。

我们知道，光谱不同部分的光线的折射率也不相同。这种现象叫作"色散"或"弥散"。色散会将地平线上的日面从上往下拉动，把它分解成一列色彩各异的映象。中间相叠的映象是日面的白色或黄色部分，下方的映象是红色部分，上方的是绿色部分以及与蓝天融为一体、几乎难以觉察的青色部分。这样看来，当太阳从地平线上升起时，其顶部边缘在特定条件下应该先呈现出天蓝色，然后变成深青色，所以被人叫作"绿光"。前述的记录中提到的绿色和蓝色便是很典型的例子，说明民间在观察太阳的"游戏"时也注意到了上述现象。"绿光"不仅能在日出时观察，在日落时也能观察到，而且这种现象经常伴随着日面的歪曲；两种现象并不相互排斥。这一点在民间的观察中也注意到了。

---

[1]　基督教节日，俄历3月25日（4月7日）。

[2]　古罗斯编年史，创作于14世纪。

　　一位观察"绿光"的人说："我坚持认为，这种现象的持续时间极短，只是由于视网膜的惯性，才让人觉得'绿光'可见的时间比较长。有一回在关键的时刻，我的注意力不知被什么引走了，而我的同伴目不转睛地注视着地平线。突然他大喊一声：'快看！'后来发现，他看到绿光的时间其实算是比较长了，而我却看不出有什么绿光。当时'绿光'依然保留在我同伴的眼中，让他觉得还能看见，而我却没能接收到视觉神经的刺激。"

　　这种解释具有重要的意义，它可以说明为何民间相传太阳的"游戏"只有"义人"能看见，"罪人"却看不见。

　　绿光现象在地平线比较平的地方（比如海平面和平缓的平原）更容易看见，而且大气必须特别澄净，上升或下落的太阳不是红色的火球，而是耀眼的白色或黄色圆盘；这种现象在高纬度和低纬度地区都能看得很清楚，但高纬度的条件更有利，因为现象的持续时间较长。在45°之内，"绿光"现象的持续时间理论上不超过1秒，在60°以内不超过2秒，在65°则可能持续4秒之多。从季节上看，夏至是观察绿光的最佳时期；夏至前后的日出和日落都很久，因此绿光现象的持续时间最长。这恰好是民间庆祝伊万·库巴拉节和圣伯多禄日的时期，也就是古人所说的"太阳站岗"的时期。

太阳的信号

　　1917年8月和9月经常有大雷雨，每到晚上，夜空就被壮丽的北极光照得熠熠生辉。与此同时，人们在太阳上观察到了许多黑子，其中还有不少巨大的黑子。Д.O. 斯维亚茨基便产生了一个想法：雷雨和极光都是电磁现象，它们之间有没有什么关系呢？为了弄清这个问题，他开始对俄罗斯记录到的雷雨次数与太阳上的黑子数量进行统计比较，结果惊奇地发现，二者存在惊人的对应关系！这在8月初最明显，当时太阳上出现了一大群黑子，是45年以来最大的黑子群，还伴随着另外16个大小各异的黑子群。

所有黑子的总面积超过了之前的总数，高达 170 亿平方千米。当这些黑子出现时，地球上也爆发了强烈的磁暴，南北半球都产生了壮丽的极光。

我们在图中用朝上和朝下的弧线表示黑子群在日面上的运动（见图9-6）。中间的⊙表示黑子群穿过太阳的中央子午线，两侧的⊙表示黑子群随着太阳自转而出现和消失的时刻。

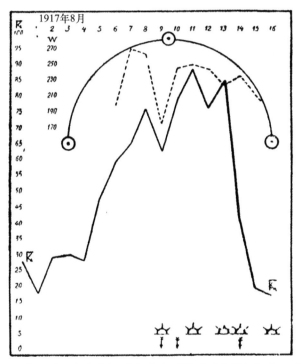

图 9-6　雷雨（下方曲线）、北极光和磁暴（下方图标）受日面上太阳黑子的运动（上方曲线）影响。

黑子群出现在太阳东端的时间是 8 月 3 日，那一天的雷雨很少。

8 月 8 日，黑子群开始了强烈的内部运动，持续到 8 月 14 日。8 月 9日，一个东边的黑子从黑子群里分离出来消失了。此时，黑子群已经接近太阳的中央子午线，并于 8 月 10 日夜间穿过了子午线。与这个日期相应的是，俄罗斯的雷雨次数显著上升了。巴甫洛夫斯克观测台在 8 月 9 日、10

日和 14 日都记录到了磁暴，在这几天里还观测到了北极光（用图中底部的符号表示）。整整一周时间（8 月 8 ～ 16 日），彼得格勒[①]近郊的电报站都无法正常工作。

我们从这个例子中看到，磁暴、极光和雷雨的进程与太阳黑子群的移动和发育之间具有惊人的对应关系。

早在很久以前，人们就通过统计气象要素的平均值发现了雷雨（以及其他气象现象）与太阳黑子活动之间的关系；但以前从未有人注意到如此直接的关联。不过，天才的罗蒙诺索夫曾注意到，在雷雨频繁的初秋也经常出现北极光；当然，他丝毫没有想到这与太阳之间的关系，而是解释说这两种现象具有相同的本质——也就是电。

雷雨首先是大气运动的结果，而在俄罗斯所在的纬度特别是北方，这种现象也受季节的影响。但太阳黑子的活动无疑也会影响当地雷雨的分布状况，还会影响雷雨的次数和强度。

进一步研究表明，雷雨的重复发生有几个不同的周期；其中最主要的是 27 ～ 28 天的周期，这恰好对应着太阳的自转周期。诚然，雷雨与太阳的关系并不总是那么明显，就和上面的例子中一样。有时太阳上的黑子很多，搞得整幅图景错综复杂。但强大的太阳黑子绝不会对地球毫无影响；它们向我们预示着地上会有雷雨的危险，大气中也会发生与雷雨相关的风暴过程。

斯维亚茨基并不是唯一一个从事这类研究的人。目前，国内外其他学者也在对这个问题进行仔细的研究。支持上述理论的有奥地利气象学家 O. 米尔巴赫。1927 年，他追踪观察了一个巨大的太阳黑子群的鼎盛阶段。这个黑子群于 1 月 21 日首次穿过中央子午线，第二次是在 2 月 17 日，然后是 3 月 17 日、4 月 12 日和 5 月 7 ～ 8 日。这几次穿越都伴随着地球上的风暴和飓风，造成了严重的人员伤亡和财产损失。米尔巴赫早在 5 月初

---

① 圣彼得堡在 1914 ～ 1918 年的名称。

就指出了太阳的危险信号，提醒人们要注意可能的危险。可惜几乎没人听取他的意见。飞行员南杰瑟和科利恰好在凶险的 5 月 9 日进行横跨大西洋的飞行，结果不幸在飞行中碰上风暴牺牲。对此米尔巴赫指出："假如我的同行们（气象学家）能达成一致，承认要预测天气就不能忽略天气的主人，也就是太阳的影响，这场事故大概本来是能避免的。"

"雷雨波"（也就是 27 ～ 28 天的雷雨周期）也被斯维亚茨基预测到了，他预测的时期跟米尔巴赫所说的一样，还及时在报纸上刊登了相关提醒。两位研究者相互独立地踏上了同一条道路，这绝不能说是什么巧合了吧。

月亮与天气

自远古时期以来，几乎所有民族都有这样一种看法：月亮会影响天气和动植物世界的发展。举个例子，民间流传着一种迷信，说从下弦月到新月的过程中往往会有坏天气。"新月"出生后的第二天要先"洗个澡"，第三天才会露个面。弦月开始时是什么天气，整个持续阶段就都是这种天气；如果新月时下了雨，也就是所谓的"新月洗澡"，那么整个上弦月时期都会阴雨不断；满月似乎会"吞噬"或驱散云朵；诸如此类。月牙的形状也被当作某种天气的征兆，比如说月牙的角儿是钝是尖，月牙朝着哪个方向，等等。还有成百上千的征兆表明，各种植物的生长、开花和成熟都取决于月相：播种和栽种得在满月，伐林筑屋也得在满月；春播的黑麦和小麦得在满月播种，燕麦则得在满月后两天或满月前两天；等等。

这类迷信有没有合理的依据呢？

我们先来讨论三种征兆：与月亮的亮度相关的征兆，与月牙的尖锐度相关的征兆，与月晕或月冕相关的征兆。这类征兆中绝大部分不过是未来天气的局部迹象，因为天气是由大气状况引起的，而大气状况又会影响月面的可见轮廓。这些现象本应及早得到检验，并与太阳、行星和星辰的类似现象一起，成为预测天气的科学征兆。至于月亮对动植物世界的影响就是另一码事了：很明显，这里根本就不关天气的事，起作用的是其他因素。实验证明，极化的月光会对酵素和激素产生活跃的作用，因此可能影响到机体的生命活动；这样看来，目前有许多取决于月相的现象就不难理解了。举例来说，夏威夷群岛附近有一种叫作"帕洛洛"的蠕虫，它们成群出现在海面的时间恰好就是春天的第一次新月；在热带国家，某些兰花只在特定的月相期间开花。

还有一类特征是把天气的各种变化归结于月相。阿拉戈[①]和弗拉马利昂[②]等学者都对此作过检验，并得出了否定的结论。从理论上说，月亮确实有可能影响空气的流动，就跟它能影响潮汐一样，但这个影响的数值微乎其微，基本上等于零。20 世纪初，有位名叫 H.A. 杰姆钦斯基的工程师试图为月亮对天气的影响提供科学依据，他进行了一些天气预报，还出版了一本杂志，专门评论志同道合者的观点；杰姆钦斯基原本可以重新引起公众对这个问题的兴趣，但他遭到了克罗索夫斯基教授的批评，教授指出他的天气预报只有 50% 的正确率，也就是跟抛硬币猜正反面没什么两样；在那之后，对这类观点的兴趣就逐渐消退了。

这类观点为何有如此强大的生命力呢？用月亮预测天气能取得暂时的成功，显然是因为月球绕地球旋转一周的时间是 28.5 天，恰好接近太阳黑子的旋转周期——27 ～ 30 天（据黑子的纬度而定）。毫无疑问，这段时间里可能会发生某种周期性的天气变化，但只要太阳的其他地区出现了另一个强大的黑子，就会立刻破坏掉正常的太阳周期。而预报者只观察月相，没注意到太阳黑子的形成，所以成功预测了几个周期之后，就会发现后面的周期并不引起预期的天气变化，月亮也就变得不可靠了。

---

① 多米尼克·弗朗索瓦·让·阿拉戈（1786 ～ 1853），法国物理学家、天文学家、政治活动家。
② 卡米尔·尼古拉·弗拉马利昂（1842 ～ 1925），法国天文学家、作家。

第十章　大气中的电现象

为什么说"霞光下罗盘不听话？"

1581年秋，波兰国王斯特凡·巴托里①的军队包围了普斯科夫城②。被围困的城市早已对敌军严阵以待。预计将有一场残酷血战的人们期待着"奇迹"，结果奇迹真的发生了：8月28日夜晚，家住圣母帡幪教堂附近城角的老铁匠多罗菲突然看见，米罗扎修道院左边的天空中出现了一道耀眼的光柱，沿着城墙外侧移动并照亮了城墙；在这位半失明的老人的想象中，光柱里仿佛站着圣母和保护普斯科夫的圣徒：多夫蒙特大公（教堂里悬挂着他的宝剑）、弗谢沃洛德大公、弗拉基米尔大公③、圣愚④米库拉等。他们都站在城墙上，借着天光劝说圣母庇佑普斯科夫……

还是在这天晚上，维利卡亚河⑤对岸的巴托里阵营，行军帐篷中有位随军文员在日记中写道："今天和前几天的晚上，天空中都能看到柱子似的符号，就像两支骑兵军在打仗……但这也没什么好奇怪的，大约是某种自然奇观或者蒸发之类。"

围城前夜普斯科夫城上空的现象其实是北极光。普斯科夫人把它当作奇迹，而巴托里军中则解释为自然现象，尽管当时的人还不清楚极光的真正起因。不仅在普斯科夫，整个俄罗斯的人都害怕极光：这种天火在西欧也常常被解读为战争的预兆。

多姿多彩的奇妙极光主要在中纬度地区引起迷信者的恐慌，因为这种现象在当地很少见。而北方的居民对极光就比较熟悉了。斯堪的纳维亚人

---

① 斯特凡·巴托里（1533～1586），波兰国王、立陶宛大公。
② 俄罗斯西北部城市。
③ 均为被东正教封为圣徒的古罗斯王公。
④ 圣愚是东正教文化中的特有形象，多为衣不蔽体、举止癫狂的游民，据认为有传达神谕或预言的能力。
⑤ 俄罗斯西北部河流，流经普斯科夫。

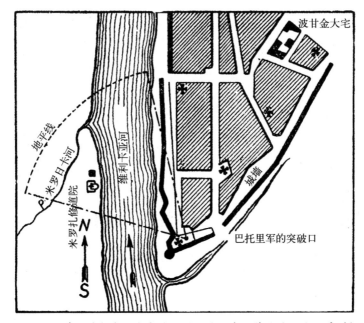

图 10-1　普斯科夫城西南角俯视图，铁匠多罗菲就是从这里看到极光的；极光照亮了城墙，被他当作奇迹般的现象。

和芬兰人都不害怕极光。在极北地区的居民看来，极光是"天使在空中嬉戏"。罗蒙诺索夫的祖先非常熟悉这种现象，还懂得怎么区分它的不同阶段，并把极光统称为"霞光"或"闪光"。当"霞光"开始出现时，北方的天空中仿佛有一道银河般的白光蔓延开来，这个阶段叫作"白斑"。在下一个变化阶段，"白斑"先是染上粉红的色彩，然后逐渐变成深红色，叫作"红霞"。在"红霞"之后，空中开始出现一道道乳白色的带子——"光带"。要是这种现象还能持续下去的话，光带就会变红，并且逐渐形成亮色、红色或其他颜色的彩虹——"光柱"。"光柱"的红色越来越深——"染上了深红"。"光柱"时而靠近，时而分开——"光柱在嬉戏"。能听到噼啪声时就叫作"闪光"。如果光柱时隐时现，人们就说"霞光和柱子在呼吸"。按梅尔尼科夫-佩切尔斯基[1]的记载，"海边人"就是这样描述极光的

---

① 巴维尔·伊万诺维奇·梅尔尼科夫-佩切尔斯基（1818～1883），俄罗斯作家。

图 10-2　弧形（拱形）的极光及其上射出的光线或光柱。

过程的。不过早在极光的科学发现之前，"海边人"就注意到了另一个事实，这大概才是他们最出色的观察："霞光下罗盘不听话。""罗盘"是阿尔汉格尔斯克的水手对指南针的称呼；他们经观察发现，罗盘的磁针在极光下会失去稳定而变得"不听话"起来——也就是开始胡乱旋转。

　　极光究竟是怎么回事，为什么极光爆发时会引起磁针的振动呢？天才的罗蒙诺索夫自小就苦苦思索这个问题，并猜测极光的本质是电现象。但他还以为这是高空大气中飘浮的冰晶相互摩擦的结果——"冬天里冻住的水汽产生了火焰"。最早推动了对极光的正确解释的是德国物理学家戈尔德施泰因[①]，他推测说太阳会放出类似阴极射线的电磁射线，这解释了为什么太阳黑子的变化会引起地球磁场和电场的波动。极光就直观地表明了这种联系。这种思想后来发展壮大，细节变得更加丰富，但本质依然保持不变。

—————————————

① 欧根·戈尔德施泰因（1850～1930），德国物理学家，阴极射线和质子的发现者。

1896 年，比尔克兰[1]教授通过实验证明了这种观点的正确性。他在一个巨大的放射箱里放了一块不大的球形电磁铁，挡在通入放射箱的阴极射线的路径上。只要电磁铁一开始运作，就会有两道光环般的阴极射线环绕磁铁球的两极。

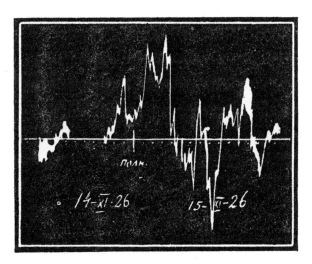

图 10-3　1926 年 11 月 14 日的彼尔姆[2]极光中，
电磁记录仪对磁暴的记录。

瑞典学者施泰梅尔正在研究极光现象，他在几个靠电话联系的不同地点对极光进行了拍照和摄影，由此确定极光的形状和高度等特征。结果发现，人们观察到极光的高度一般是 100 千米左右，变化范围在 80 ~ 200 千米。极光的顶部在个别情况下能达到 1000 千米。

极光的周期为 27 天，取决于太阳的自转周期。每经过 27 天，就会有同一组太阳黑子面向地球，这也就影响了极光现象。由于太阳黑子的活动每隔 11 年就会强化一次，所以极光也具有 11 年的周期（见图 10-4）。

---

[1]　克里斯蒂安·奥拉夫·伯恩哈特·比尔克兰（1867 ~ 1917），挪威物理学家。
[2]　俄罗斯中部城市。

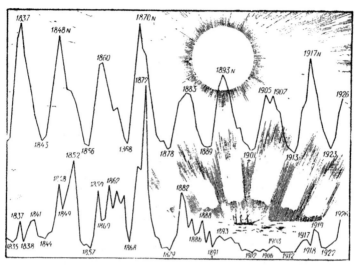

图 10-4　1830～1926 年极光（下方曲线）受太阳黑子（上方曲线）影响的示意图。1872 年的极光特别频繁，1870 年的太阳黑子也是如此。

雷鸣的奥秘

"咚咚咚——轰隆隆——万马跑。"有道民间谜语就是这样描述典型的雷鸣的：起初是从远方传来的微弱轰鸣，随后逐渐增强，达到最大的强度后又逐渐减弱。目前对雷鸣的解释是：一次雷击在不同密度的空气层中多次反射，产生了多次不同的"回声"，在不同的时间里传到我们的耳中。但我们还知道另一个事实：当雷雨的位置就在观察者头顶时，雷鸣的性质就完全不同了，听起来像是突然爆发、时间短暂又震耳欲聋的枪声或爆裂声；过后才能听到不明显的回声。在这种情况下，突然的雷鸣应该是紧接闪电之后，甚至是同闪电融为一体，而在其他情况下，闪电与雷鸣之间有时会隔着相当长的时间；人们常常根据这个间隔来大致判断大气放电的距离，因为光几乎一瞬间就能传到地上，而声音的传播相对就慢得多了。

根据维也纳学者施密特的研究结果，要想充分解释雷鸣现象，不仅得考虑在闪电后传播的声波，还得考虑所谓的"爆炸波"。爆炸时会快速形成大量气体，造成数千倍于大气压的压力；在这些气体的压力下，附近的空气层立刻被挤开，这就产生了四散传播的爆炸波。爆炸波的前端会形成高度凝缩的空气，后端则是空气高度稀薄的区域。这种波的传播速度比声波快，但它传播得离发源地越远，前端的凝缩就越弱，整个波也就越弱。它逐渐崩解变形，就这样从爆炸波变成了声波。

闪电是一种巨大的电火花，它当然也会产生爆炸波，但随着爆炸波越传越远，其强度也在急剧衰减。已知传播速度比声波快的空气波在人耳听来像是爆裂声，这种声音就是我们上空打闪电时听到的声音。

当闪电的发生地与观察者有一段距离时，为什么会有持续不断的雷鸣呢？这里面究竟有什么奥秘？

闪电的照片告诉我们，闪电并不只是一个电火花，而是由一连串火花放电组成的，这些电火花产生了完整的一系列爆炸波，其传播过程各有特点。这些爆炸波相互交织，其前锋到达观察者身边的时间也各不相同。此外，由于闪电本身的长度很长，其穿过不同密度的空气层的路径也很长，会产生性质不同的爆炸波。最后，我们也不排除空气层会反射"回声"的可能性。

复杂的雷鸣时而平息，时而重新变强，在雷雨时常常能听到，民间还把它比作"万马奔腾"的马蹄声。如今我们对这种现象的成因有了更清楚的认识。

闪电的神秘罪行

本杰明·富兰克林的墓志铭上写着："他从天上偷走了闪电。"不错，这位伟人的名字与闪电之谜的破解联系在一起：有谁没听说过著名的富兰

图 10-5 埃菲尔铁塔上空的闪电（摄于 1902 年）。

克林风筝？他在放飞的风筝上系了一条金属线，想把电火花从乌云中引下来。

俄罗斯读者首次听说富兰克林的伟大发现是在 1752 年的《圣彼得堡消息报》上：

> "在北美洲的费城①，有位特别勇敢的本杰明·富兰克林先生，他想从大气中引出那常常烧焦大片土地的可怕的天火。具体来说，他通过实验来查验闪电和电力的材料是否相同，结果证实了他的猜测。"

同样是在 1752 年，罗蒙诺索夫和里赫曼②打算重复富兰克林的实验，但当年的圣彼得堡没打过雷，直到下一年才等到了雷雨。瓦西里岛 5 号街的里赫曼住宅和 2 号街的罗蒙诺索夫住宅都被改造来做实验。住宅的屋顶上装了几根杆子，通过铁链连接到房间内部。当然，这已经不是什么避雷针，而是真正的"引雷针"了；在今天看来，这种制造"死亡机器"的行为简直是不要命了，但我们的学者当年还根本不清楚这一点，甚至都没想到自家会面临怎样的危险。在我们的学者身上，揭开大气电现象的渴望显然是超过了对自身安全的意识。实验的结果非常悲惨：里赫曼家连接的铁链中蹿出一个淡蓝色的球形闪电，把他给打死了，而罗蒙诺索夫侥幸逃过一劫。后来罗蒙诺索夫在给舒瓦洛夫③的信中写道：

> "我都不知道，或者起码是怀疑自己是活着还是死了。里赫曼教授被雷打死时的情况和我当时的一模一样。我看了看安装好的雷机，却没发现哪怕一丝一毫电力的迹象。然而在上菜时，我一直等着导线上冒出明显的电火花，我妻子和其他几人也加入了进来。突然，正当我用手抓住铁链的时候，天上响起一声惊雷，铁链上迸射出了火花。所

---

① 美国东北部宾夕法尼亚州城市。

② 格奥尔格·威廉·里赫曼（1711～1753），俄罗斯物理学家。

③ 伊万·伊万诺维奇·舒瓦洛夫（1727～1797），俄罗斯国务活动家，伊丽莎白女皇的宠臣。得势期间支持文化启蒙活动，参与创立了众多科学文化机构。

图 10-6 富兰克林的大胆实验。

有人都从我身边逃开了。妻子请求我也走开。但好奇心又让我在那儿停留了两三分钟，后来才有人对我说饭菜都凉了……我刚在桌旁坐了几分钟，突然有里赫曼家的人开门而入，他泪流满面……好不容易才挤出一句：教授被雷打死了。"

里赫曼的死震惊了整个圣彼得堡。罗蒙诺索夫请求舒瓦洛夫，"不要让这场死亡被用来反对科学的发展——我谦卑地恳求您对科学发发慈悲"。科学院甚至"因里赫曼教授之死"而取消了罗蒙诺索夫在会议上介绍电现象的发言。还有人讥笑两位学者说：他们想保护别人不被雷打死，自己却惨死在雷电之下……

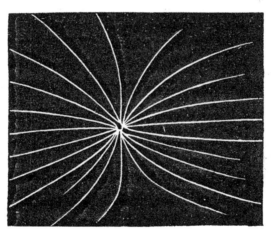

图 10-7　从飞机上拍摄的闪电放电。

里赫曼死后又过了约两个世纪。如今已经没人会去做这么危险的实验了。我们两位院士制造的"机器"已经由引雷针变成了避雷针。人们开始理解杀害里赫曼的球形闪电的奥秘。美国物理学家斯泰因梅茨[1]在实验室里制造出了人工的球形闪电。俄罗斯物理学家莫斯科文也进行了类似的实验

———————

[1]　查理·普罗特乌斯·斯泰因梅茨（1865～1923），美籍德裔电气工程师、发明家。

（在列宁格勒的切尔内肖夫教授的实验室），同样取得了成功。往一个安装着两个电极的圆柱形容器里充满氩气。上方的电极是一块铂金片，下方的电极是加热到熔点之上的碱金属（钠）的表面。金属的表面产生了几个闪耀的球状物，它们缓慢地朝另一个电极移动，还没碰到电极就平稳地向一旁滑去，就这样消失了。不错，这些球状物的直径不超过 10 毫米，跟真正的球形闪电比还差得远。但尽管如此，人们还是成功制造出了类似球形闪电的现象。

法国物理学家马提亚斯提出一个观点：线形闪电穿过的空气通路中会形成一种雷电物质，这种物质中又产生出了球形闪电。这种灼热的材料会发出红色或黄色的光芒，有时是淡蓝色，偶尔是绿色。雷电物质从表面开始逐渐冷却，在表面张力的作用下呈现出球形。离开空气通路之后，球形闪电便获得了自由运动的能力，有时还会做非常古怪的运动。这是因为球形闪电受到"球腾态原理"①的作用，只不过这里并不是水珠沿着灼热板面滚动，而是灼热的核心与温度较低的物体进行接触。闪电的颜色可以由其化学成分得到解释。空气中的有机物会令雷电物质呈现出红色或黄色，要是球形闪电穿过金属物体，就会变成淡蓝色或绿色。这也就是为什么杀害里赫曼的球形闪电是淡蓝色的。

尽管如此，闪电的奥秘还没有完全揭开。每年都会通报各种各样的雷击事件，而原因并不总是十分明了。举个例子，1926 年 6 月 28 日，在列宁格勒郊外的斯特列里纳附近，闪电击穿了一个低矮的干草棚的木板屋顶，然而附近还有许多高大的建筑和树木；闪电打死了站在食槽旁的两匹马，把它们头部从下颌到耳朵的部位都烧焦了，可见电流显然是沿着马嚼子传导的。而站在旁边的一头牛却毫发无损。1925 年 5 月 3 日，彼尔米区②有

---

① 当水滴接触到高温表面时，会在表面形成一个保护膜，使得水滴内部的温度较低，不至于立刻蒸发。
② 科米－彼尔米区，俄罗斯中部的民族自治区。

匹马在马棚里被闪电击死了，它的舌头被切了下来——除此之外连一点伤都没有！可能这也是马嚼子在作怪。1925 年 8 月 7 日，新西伯利亚 [①] 下了一场大雷雨，其间有闪电击中了照明网的电线杆，把它的顶端劈成了碎片。放电沿着整个电网传导，烧毁了三台变压器。这次放电非常强大，连六根避雷针（变压器上的角状避雷针）都承受不了它的威力；发电站的避雷针放出一道耀眼的电光，让警卫误以为站里起了火。电网的用户则损失了大量灯泡。被击毁的照明网电线杆对面有座房子，闪电过后发现有面平放在桌上的镜子被打得粉碎；镜子表面还有一把被抛到旁边的剪刀。很明显，镜子的背面镀了一层水银，这就与放在上面的剪刀形成了一台天然的电容器。

下面还有几个例子。1926 年 9 月 8 日，彼列斯拉夫尔－扎列斯基 [②] 有闪电击中了电线，炸裂了六根电线杆。放电传到了电话站，烧断了站里电线杆上和几台用户机上的七条保险丝。然后放电又沿着电报线传到了电报局。电报机上安装着一根避雷针，上面有几个由有色金属制成的波浪形表面。在放电的时候，这些金属面之间火花大作，伴随一声雷管爆炸般的巨响，蹿出一个豌豆大小的火球。它飞出 7 米后碰到一个天平的金属部件便消失了。

1927 年 7 月 17 日，莫斯科附近的伊兹迈洛沃村突然电闪雷鸣，闪电击中了连在枞树上的一根天线，而枞树下就站着观测者。天线顶端出现了一个边缘模糊的淡蓝色球体。它瞬间就沿着天线钻到窗前，发出震耳欲聋的爆裂声。天线所在的别墅窗户上顿时冒出一股红褐色的烟柱，一下子又消失了。30 米长的天线就这样不留痕迹地没了！导线通入的窗户被烧毁了，附近有把放在桌上的刀子，上面出现了许多黄铜的斑点。

[①]　俄罗斯西伯利亚地区最大的城市。
[②]　俄罗斯中部城市。

在德国的荷尔施泰因[1]，1926 年 11 月 14 日一场雷雨过后，人们在田里发现了多达 20 只被打死的黑雁，它们的腹部都有烧伤的痕迹。这明显是闪电击中雁群，从排成横队飞行的黑雁身上穿过的结果。

"圣爱尔摩火"

电并不总是表现得那么残酷。有一种叫作"圣爱尔摩火"的现象，会创造出令人印象深刻而又完全无害的景象。这是一种所谓的"无声放电"，会在各种物体的尖端发出电光。发光非常微弱，白天里往往看不到，有时会伴随着轻微的噼啪声和咝咝声。"圣爱尔摩火"经常能在雷雨天下帆船的桅杆和缆索上观察到（见图 10-8）。在山上看到的机会也不少。有位在科罗拉多州的落基山脉[2]工作的工程师写道：

> "科罗拉多的山里经常能观察到一种发光现象，伴随着独特的咝咝声和噼啪声。我们这儿的山里人、工程师和山地铁路的列车员，可以说是生活在这类电现象最密集的地方，看到不熟悉这种现象的旅人被吓得不轻，便觉得非常好笑。特别好玩的是有个娇小姐被电得毛发倒竖、闪闪发光，活脱脱是神话里的复仇女神嘛！这种现象大多发生在约 2000 米的高度，发生时我经常会听到某些声音；在很高的地方，它们变得简直叫人毛骨悚然了。"

有些老矿工认为，地表上电现象的性质能让人了解到地下深处的金属矿的情况；这大概也有几分道理。

"安第斯之光"是一种大规模的"圣爱尔摩火"现象：安第斯的山巅闪动着明亮的火舌（见图 10-9）。

---

① 德国北部地区。
② 北美洲西部最大的山系，从加拿大北部延伸至美国西南部。

图 10-8　桅杆和缆索上的"圣爱尔摩火"。

图 10-9　"安第斯之光"。

第十一章　天气预报

空气海洋里的旋涡

海上的漩涡是由两股海流相遇而引起的：在海流相遇的地方，大量的水开始旋转形成漏斗，令船只避而远之，免得被卷进去粉身碎骨。

我们地球的大气层也可以看作一片空气的海洋，其中的物质并非静止不动，而是向着四面八方运动。在两股相反的气流相遇的地方，同样会形成旋涡，这种旋涡通常叫作"气旋"。

但这些空气旋涡的直径可以达到几十千米乃至数百千米。

我们可以在一种微缩的"气旋"——夏日路上卷起的尘土旋风中观察到真正的气旋中发生的大范围现象。这种旋风是由两股气流形成的，它们在运动过程中相互碰撞，发生旋转，卷起了尘土、树叶、木片，甚至还有更大的物体。

想象有两股更强大的气流席卷了广阔的空间；其中一股来自温暖的南国，另一股来自北极附近的地区。两股气流在相遇处都会形成旋风。再设想其中的一股气流（比如说南方来的）比另一股更强。在地球自转的影响下，旋风里的空气会绕着东西向的轴线从右到左运动，也就是"逆时针旋转"，而站在旋风底部的观察者也就是我们，如果从头顶经过的是旋风的东南部的话，我们就会看到南风和西南风逐渐产生并增强；相反，如果从头顶经过的是西北部，就会刮起比较弱但更冷的风——东北风、北风和东风。要是能达到几十千米以上的大小，这个空气旋涡就会得名"气旋"，但气旋里观察不到普通的旋风里的旋转现象。首先气旋有个典型的特点，那就是可以分为两个互不相混的部分：东南部是暖空气流，西北部是冷空气流。我们用下面的图来表示这一点。甚至可以在气旋的两部分和两股主要气流之间划出边界——右边是所谓的"准线"，气旋便是沿着它自西向东移动的。这条准线叫作"暖锋"。左边的风线叫作

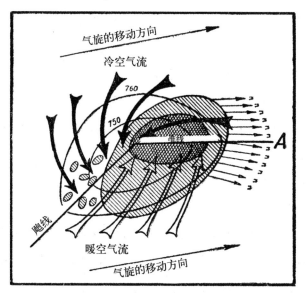

图 11-1 气旋的图示。画线部分表示雨区和云区。右边的箭头表示
卷云——移动的气旋的先锋。

"冷锋"。我们来看看这两部分会发生什么情况。"准线"上的暖空气气流碰
上迎面而来的冷空气流，在后者的阻碍下被迫避让，这是由于暖空气比
冷空气轻的缘故。发生偏转之后，暖空气开始向冷空气的上方移动。这
也就是我们常说的"上升流"。上升流继续往冷空气上方移动，形成了厚
厚的云层，因为暖空气中携带着大量的水蒸气，所以这里会产生降水和
雷雨现象，这对旋风的前端来说是很典型的。而在冷锋线上，我们看到
了相反的情况。那里的冷空气向着暖空气迎面前进，由于冷空气比暖空
气重，所以会开始下沉，钻到暖空气下边去。一方面，这里的温度会开
始下降；另一方面，被冷空气抬升到上方的暖空气会引发短暂的间歇性
云雾和降水。这里将发生暖空气与冷空气、雨天与晴天之间的战斗。这
就是连绵的气旋雨过后的通常现象，叫作"飑"。至于气旋的北部特别是
西北部，那里虽然温度下降，却会有相对晴朗的天空。

　　气旋的温暖部分位于暖锋与冷锋之间，它的宽度很少能达到图上描绘的水平。这个部分大多会收缩，偶尔会缩到冷暖锋融为一体的地步。

在这种情况下，被困在这种封闭（中性）锋之间的大团空气会被挤到对流层的高处。气旋的一生通常就是这样结束的，或者按气象学的说法，它被锢囚了。"锢囚"的意思是：气旋相邻部分的冷空气或受热程度较低的空气从两侧流来，将暖空气团困住或分离开来挤到上方，导致整个气旋的温度逐渐归于平衡。

前面我们设想了两股强大的气流，一股从北来，一股从南来，且后者的力量比前者强，这就形成了气旋。现在我们来想想相反的情况：北方的气流比南方的强。很明显，此时产生的风的运动方向应当和气旋相反——从左到右，按顺时针方向运动。这种构造叫作"反气旋"。

气旋中起作用的主要是深入其中的暖空气流，反气旋的情况则恰恰相反：这里起作用的主要是冷空气流，它挤开了更轻的暖空气。

在上述的情况中，我们都是拿典型的气旋和反气旋，也就是北半球自西向东运动的构造来举例说明。换作在南半球，这两种构造的运动、布局和风的作用就反过来了。但即便在我们北半球，气旋也未必都是自西向东运动，有时也可能是自北向南或自南向北。在这种情况下，气旋的准线在什么地方，锋线又在什么位置，风的作用和前文所述的是否相同？这几个问题我留给读者自己解答。

空气峰与空气谷

气旋和反气旋在某日某时的位置通常记录在一种叫作"天气图"的地图上，同时还要利用所谓的"等压线"，也就是气压相同的各点连成的线条。因此在天气图的每条线上，你都能看到表示气压的数值：740、750、760 等；如果这些数值往中心的同心数字递减，那么我们面对的就是"气

图 11-2　列宁格勒地球物理总观测台绘制的天气图（1928 年 5 月 10 日上午）。表示风的箭头旁边标的数字指的是观测点的气温。图中气旋的中心位于芬兰湾，反气旋的中心位于乌拉尔山以东。

压最低处"：较轻的暖空气向内部流动，降低了大气压，使得气压计的读数由 760 降到 750，然后又跌到 725 ~ 730 毫米汞柱。在图中进行气象观测的地点，会有一些沿着等压线边缘标出的箭头，它们指示的是风向，而尾巴上的短划则代表风力的大小。由此可见，气旋的东南半边主要刮西南风，和前面所说的一样。

　　相反，"气压最大处"在图上表示为一系列往中心递增的数字：740、750、760、770 毫米汞柱。这里是较轻的暖空气被较重的冷空气排走，导致气压增加：气压计的读数也就上升了。风的分布情况相反，天气总体上十分晴朗（图上的白圈），尽管也并非总是如此。举例来说，冬天的气压最大处一般是阴云密布的地方。

　　在最新的天气图上，等压线的气压值不是用毫米汞柱，而是用"毫巴"来表示。"巴"是一个新的气压单位，相当于 1 百万达因[①]作用于 1 平方厘米表面的压力值。1 巴或 1000 毫巴等于 750.1 毫米汞柱。这样一来，710 ～ 800 毫米汞柱的气压表示为毫巴就是 946 ～ 1066 毫巴。在气旋中，我们看到的等压线多数是由 1000 毫巴往中心递减至 980 毫巴或以下，在反气旋中则是由 1000 毫巴往中心递增至 1025 毫巴或以上。这种表示法公认比较便利，同时又没有作出什么本质的改动。

我们知道，地形图上会交替出现山峰与山谷、高地与低地；与此相类似，气象学家也会说"气压峰"和"气压谷"。事实上，如果暖空气流入气压最低处并形成较低的气压，那么就会产生一处空洞，整个气压构造会呈现出中间凹陷的漏斗形；因此可以很自然地把它比作一处盆地。而聚集了冷空气的气压最大处可能会呈现出类似高耸的山峰的形状。气象学上通常就是作的这种类比，但这只是一种约定俗成的说法，因为对流层中的空气层各处高度都一样，其中多余的暖空气或冷空气只会令空气变轻或变重，而不会改变空气的体积。

在讨论天气图上的"气压场"时，我们会使用"槽"和"脊"之类的术语。这是因为我们面对的并不都是完全的、清晰的气旋和反气旋。有时气旋和反气旋还处于发展过程中，有时我们要面对一整个气旋体系，或者说"气旋家族"。主要气旋中还常常会分离出不完全的气旋构造——这种情况下我们就说"低压槽"（见图 11–2）。从反气旋中产生的类似构造叫作"高压脉"或"高压脊"。两个气旋或两个反气旋交叠的部分叫作"鞍部"。

这样看来，从我们头上掠过的"空气峰"和"空气谷"，对单独的气象站的观测员而言其实就是气压下降或上升的地方。与此相对应，天气的类型、风向和风力也会发生变化。根据气压场的性质和分布，我们可以判断

[①] 力学单位，使 1 克物体产生 1 米 / 秒^{2}加速度的力，1 牛＝100000 达因。

当地的未来天气状况与走势，以及预期天气发生的变化，因为气压系统也具有特定的移动方向。

让天文学家成为气象学家的风暴

在东方战争①期间的1854年11月14日，一场毁灭性的风暴席卷了克里米亚半岛，令停泊在巴拉克拉瓦湾②的联军舰队遭受了沉重损失。有艘船彻底沉没了。原本计划好的围攻塞瓦斯托波尔③的工作也受到了严重干扰。这个坏消息令法国上下陷入了沮丧。

当时，巴黎天文观测台台长勒维耶④的声誉正如日中天。他在1846年有一项著名的发现，也就是"在笔尖下"发现了海王星：他仅仅是坐在办公室里动笔计算，就向观测者指出了这颗推测中的行星可能的位置。听闻联军舰队遭遇的天灾后，勒维耶深感悲痛，便开始思考这场导致舰队覆没的风暴。他的数学思维已经习惯了处处都有严格的规律性，便也开始在这场天灾中寻找规律。在勒维耶看来，巴拉克拉瓦的风暴是旋转着运动的，就像一颗在宇宙中疾驰的行星。真是造化弄人！人的智慧早在数百年前就能预见到行星的位置、日月食、天合和天冲⑤等——也就是发生在遥不可及的宇宙空间中的一切现象；而地球上发生的事情却依然笼罩在层层迷雾中，困扰着求知若渴的人类头脑！

勒维耶觉得，只要能获得计算的材料，他就能解开这个谜团。他拜访了当年进行气候观测的学者，请他们提供1854年11月12～13日风暴前的观

① 即克里米亚战争（1853～1856），沙皇俄国与奥斯曼土耳其、英国、法国联军之间争夺黑海地区霸权的战争，以俄国惨败告终。下文的联军指英法联军。
② 克里米亚半岛南端的海湾。
③ 克里米亚半岛南端城市，军事要地。
④ 乌尔班·让·约瑟夫·勒维耶（1811～1877），法国天文学家、数学家。
⑤ 地球上观察到某星体与太阳运行到同一位置，称为"合"；运行到相反位置（相差180°），称为"冲"。

测资料。获得的资料经过加工和分类，表明天文学家的想法是正确的。数学思维在这方面也能取得胜利。克里米亚沿海的风暴并非源自当地：它原本是一股绕轴旋转的旋风，就像遥远的宇宙空间中的海王星；这股旋风穿过意大利和巴尔干半岛，经过两天的路程才抵达克里米亚。勒维耶自豪地宣布，假如他能通过电报及时拿到风暴的观测资料，就能算出风暴的运动方向和运动速度，并预先打电报给克里米亚的战区，警告联军即将袭来的危险。

理论思考的实际成效竟然如此显著，不久后勒维耶就在政府支持下组织了第一个全国天气局——根据法国的电报信息进行天气预报的系统。自1857年以来，其他国家也开始加入这个系统。这样就产生了"气象预报学"——收集在不同地方同时进行的气象观测的结果，汇总到统一的中心进行加工，再加上有出版的天气图为基础，对未来的天气进行预报便成为可能。这项事业由勒维耶首创，后来又得到了其他国家的鼎力相助。自那之后，关于气旋和反气旋的结构和运动以及气象场的学说也开始发展起来。俄罗斯的天气图出版是1872年开始的。由于气旋大多是自西向东运动，所以说俄罗斯处于特别幸运的位置：西欧的气象观测结果通过电报传给我们，这就为俄罗斯的天气预报提供了丰富的材料。举个例子，产生于冰岛某地的气旋在到达俄罗斯之前，得先经过英国、法国和德国；哪怕是抄最近的路进入俄罗斯，它也得先横穿斯堪的纳维亚。而俄罗斯西部的气象站网络对于俄罗斯东部和西伯利亚就有了重要意义。但这并不是说俄罗斯的气象站网络只有次要的价值。气象预报学的进一步研究表明，为了充分阐明控制气旋和反气旋运动的规律，单单对其进行研究还是不够的，还有必要研究全球的气象场，起码也得是北半球的气象场才行。

北极的冷空气盖

上面我们阐述了气旋形成的一种理论：气旋是由两股气流相遇形成的，

其中一股是来自南方热带地区的暖空气，另一股是来自北国极地的冷空气。这个理论最早是由挪威学者皮叶克尼斯[1]提出的，如今又由卑尔根[2]学派的代表贝吉龙[3]发扬光大，获得了越来越多的支持者；也在这种理论的基础上，由莫斯科的中央气象局和列宁格勒的地方气象局进行每日天气图的绘制。

根据卑尔根学派的观点，不论是在气旋中还是反气旋中，气团都是非同质的。它们是由若干种异质气流组成的。这些异质的气流不会相混，而是并排运动，彼此间有着分明的界线，这就是我们前面所说的"暖锋"或"冷锋"。来自南方的暖空气在对流层高处向北极流动，在北极冷却后沉降下来，在其上空形成稳定的冷空气盖，其边缘平均是在北纬 60°～65°，并且朝着地表倾斜，"分界面"便是沿着这个斜面延伸的。但极地冷空气团的"平均边界"并不总是十分严整，偶尔也会有"一小滴"冷空气向南延伸，深入气旋的暖空气部分或向北突进的热带"空气舌"。在下图中，我们看见"暖空气舌"伸入斯堪的纳维亚和巴伦支海[4]，一直抵达新地岛——所以这里会有大气旋，而极地冷锋则沿着卡累利阿[5]向南突进，一股气旋在西伯利亚冲破了冷锋的阵地，冷锋又深入它的后方。图 11-3 非常好地说明了卑尔根学派的思想，尽管现实中的情况还要复杂得多；北极的冷空气盖有时会发生极其严重的倾斜，"小滴"的冷空气甚至能南下到北非一带。

在 1932 年 2 月 19 日的天气图上（图 11-4），可以看见"小滴"的北极空气（*AB*）沿着乌拉尔山南下，将南欧的气温降到了 -15℃～-10℃；它取代了当地原有的中心 1040 毫巴的反气旋。与此同时，笼罩着芬诺斯堪

---

① 威廉·弗里曼·科根·皮叶克尼斯（1862～1951），挪威物理学家、气象学家。
② 挪威西南部城市。
③ 图尔·贝吉龙（1891～1977），瑞典气象学家。
④ 北冰洋的陆缘海，位于俄罗斯西北方向。
⑤ 俄罗斯西北部的自治共和国。

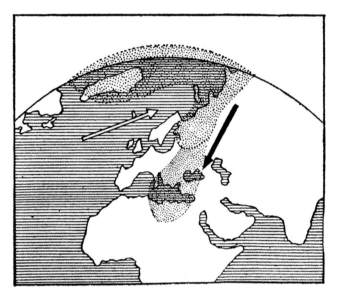

图 11-3　北极的气团与向南方突进的冷锋。

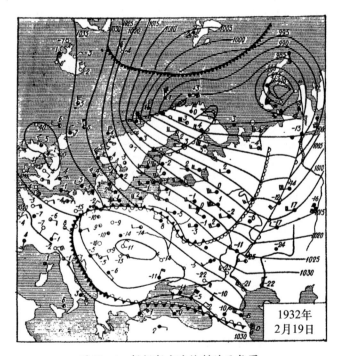

图 11-4　根据新方法绘制的天气图。

的亚①、巴伦支海、喀拉海②以及俄罗斯整个北方地区的广大低压区，则被
三个中心低至 980 毫巴的气旋所占据，与之相伴的"暖空气舌"把气温升
高到了 3℃～4℃。低压区被来自大西洋并由湾流加热的海上空气所占据。
这就是为什么列宁格勒和摩尔曼的冬天有时比南方还暖和，而新地岛又比
阿尔汉格尔斯克暖和。

大气机器

大气循环及其中的气旋、反气旋、极地冷锋和热带暖锋等可以想象成
这个样子：每个半球周围环绕着四道宽环或者说空气带——赤道空气带、
热带空气带、过渡空气带、极地空气带。赤道空气带盛行信风。热带空气
带会放出"暖空气舌"穿透冷锋，而极地的冷空气团则会放出"小滴"的
冷空气。二者之间的过渡空气带（45°～70°，见图 11-5）正是气旋产生、
发展和消失的舞台；气旋的后方则会发生极地空气的崩解。"舌"和"水
滴"的形状并非偶然产生。"过渡"空气的"中性"粒子具有较低的旋转速
度，自南向北而来的暖空气很难穿透，所以会呈现出舌头或楔子的形状，

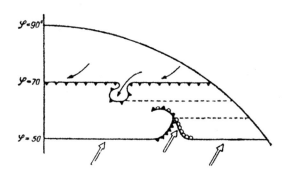

图 11-5　冷锋与暖锋相互作用的图示。

---

① 北欧地区名，包括丹麦、斯堪的纳维亚半岛、芬兰和卡累利阿等地。
② 北冰洋的陆缘海，位于俄罗斯北方。

图 11-6 气旋图示。

并沿着子午线逐渐向极点收缩。相反的是，自北向南而来的冷空气钻到暖空气下方，很容易就能打开一条道路。对流层的粒子具有较高的旋转速度，因此这股空气向东西两侧散开，呈现出逐渐偏离子午线的形状。

这样看来，"过渡"空气是静止的，而极地空气和热带空气是运动的。气旋在大气机器中充当着两个区域（极地和热带）之间的传动轮。

气旋几乎从不单独出现，而是一大家子相继而来，按皮叶克尼斯的术语就是"父气旋""子气旋"和"孙气旋"，并且"父气旋"走在前头，"子气旋"和"孙气旋"跟在后面；每个气旋的后方都能观察到向南突破的极地空气。这股空气沿着气旋一家的路线前进，在发育得特别明显的时候会形成一个独立的构造——深入南方的极地反气旋。平均来说，自西向东移动的气旋家族在 5.5 天内就会经过当地的观测点，随后会出现反气旋，仿佛是用极地的冷锋为气旋拉上了帷幕。接下来又会出现一家新的气旋，末了还是新的反气旋；这样一来，中纬度地区的整个大气循环过程（理想状况下）可以看作四股极地气流，每股气流从两家气旋之间穿过，把它们分隔开来，并将冷空气带到纬度更低的地

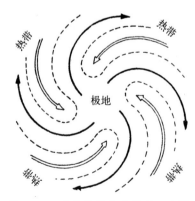

图 11-7 对流层的气流循环，中间为极地，四周为热带。

方。与此同时，整个气旋风系自西向东绕着极地旋转，每过 22 天（5.5×4）就会回到起始的位置。南半球可以观察到比较纯粹的图景，因为那里大陆很少，不会歪曲气旋的进程。相反的是，北半球有大量的陆地和山脉，几乎没有机会观察到这种纯粹的过程。

观测台是怎么预报天气的

天气关系着所有人，所有人都期望可靠的天气预报。万一预报落空了，众人便咒骂观测台，嘲笑气象学家和气象学，却很少有人思考天气预报究竟有多难。可笑的是，还有许多人以为列宁格勒的天气预报是由普尔科沃观测台[①]负责的。这个天文观测台经常收到来信，指责他们的预报不准。事实上，天气预报是由专门的气象局来研究和尝试预报的，其中一个在莫斯科，另一个在列宁格勒，都是统一水文气象局的组成部门。

现代的气象学家究竟是怎么试着预测天气走势的呢？这里我们说"试着预测"，是因为气象学还远远没有达到天文学的高度，能在日食发生数千年前就将其发生时间精确到分钟。气象学还处于最初的发展阶段。影响天气的因素和作用极其繁多，且远不是每一项都很清楚——因此要预测天气也绝非易事。目前只能说天气预报是一门艺术，预测者则是研究作战图的高明战略家。

天气预报的本质是什么呢？天气预报可以分为短期预报和长期预报。短期预报也就是提前一两天的预报，用的基本就是勒维耶的方法：根据气旋和反气旋的运动方向与速度，推测出它们即将经过的地区，并画出当地的天气图。不过，气象科学在勒维耶之后又取得了重大进展，让气象学家掌握了研究整个气压系的方法。举个例子，如果观察到的不是一个气旋，而是一整个气旋家族，那么除了其整体运动状况之外，还能看到各个气旋绕着中央气旋

---

① 俄罗斯最古老的天文台，位于圣彼得堡南郊的普尔科沃村。不负责天气观测。

核的旋转状况；这个旋转运动也是逆时针方向，在反气旋家族中则是顺时针方向。也就是说，如果我们在天气图上看到一个带有高压脊的反气旋，这个反气旋本身没有明显的运动倾向，而高压脊绕着反气旋运动，那么它的运动方向一定是从右到左。

然而，气压构造的运动是非常任意的。它们的速度经常变化，风力时而加强，时而减弱；有时气旋突然开始锢囚，也就是被挤到对流层的高处，或者出现相反的情况——后方突然冒出了个反气旋。这些情况是很难全部预测到的，所以"预报师"（进行天气预报的气象学家）都不敢给出三昼夜以后的气象预报，何况他们的短期预报有时也会出错。

要预测或预报长期的天气状况就更难了。这里倒是有许多方法，尽管都还不够完善，都是以长期内的好天气或坏天气作为事实基础的。

人人都知道，夏天一下雨就下个不停，有时还不止是连下几天，甚至会持续几周；而炎热的天气有时也会持续很久，让人不禁开始怀念下雨天了。到了冬天，便会交替出现长期的严寒和持续的回暖。这些时期具有很高的稳定性，有时会让整个季节都呈现出某种特定的天气类型：冬天是严寒的或温和的，春天是温暖干燥的或阴冷潮湿的，夏天是炎热的或多雨的，秋天是潮湿多雨的或晴朗干燥的。显而易见，天气的更替具有某种规律，体现为冷暖交替的波，且具有每隔一段时间就重复出现的倾向。确定这种规律便是所有长期天气预报（长达几周乃至几个季节）的任务。

气压构造会给我们带来各种类型的天气；对其分布状况的研究表明，反气旋在欧洲移动的路径具有某种稳定性：如果某个季节里多半是某条路径，那么反气旋在很长时间里都会沿着这条路径移动。这就导致某个季节具有保持某种单一天气的倾向。在列宁格勒的长期天气预报部门，穆尔塔诺夫斯基[①]与手下的工作人员一起，按着天气图研究了过去的反气旋的运动路径，

---

① 鲍里斯·庞培耶维奇·穆尔塔诺夫斯基（1876～1938），俄罗斯气象学家。

发现这些路径可以进行分类。其中最常见的是极地路径（或称"轴"）和超极地路径。极地路径呈扇形从格陵兰和冰岛一带出发，途经芬诺斯堪的亚进入白海，以东偏南和偏东的走向横穿东欧。超极地轴从喀拉海出发，与极地路径相向而行（见图 11-8）。沿着这些路径移动的所有反气旋都是自左向右旋转，其东部会给我们带来寒冷的天气，西部则是温暖的天气。第三类轴是亚速[①]轴。沿着这些轴线移动的是夏季类型的反气旋，主要是在南部带来温

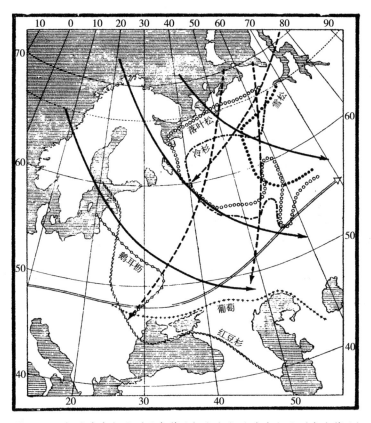

图 11-8　极地冷空气流（黑色箭头）与超极地冷空气流（虚线箭头）以及植物分布边界的图示（据 Б.П.穆尔塔诺夫斯基）。极地轴的名称：左—斯堪的纳维亚轴，中—北角轴，右—卡宁轴。横穿全图的轴（白色箭头）为亚速轴。

---

① 亚速海，俄罗斯西南部的陆间海。

暖的天气，其北部则在北方气流的影响下有所减弱。确定下个星期或下个季节发挥作用的是哪类轴线，这就是上述类型的天气预报的任务。如果能把这一点研究清楚，就能在某种程度上预测未来天气的细节了，不仅是对轴线即将穿过的地区，对相邻的地区同样有效；这是因为气旋是一种次生构造，反气旋轴的方向也会决定气旋的运动方向和运动性质。

天气骤变的鸟类信号

早春，乍暖还寒。俄罗斯西北部和中部地区出现了春天的第一批客人——白嘴鸦；物候学家和预报师把它们看作冬去春来的第一个征兆。随后出现了椋鸟和云雀，地上往往还有厚厚的积雪，它们便在融雪的土地上空唱着歌儿；这些鸟儿同样预兆着春天的来临。找到这些鸟类大量飞来的那几天的天气图，便会发现其出现地点有个非常有趣的分布特征。这些地点大多是在即将到来的气旋的前端，温暖的西南风帮着鸟儿从南欧迁到了俄罗斯。它影响的不仅是第一批，也包括后来的几批候鸟。比如说布谷鸟吧，它咕咕叫着出现的地方同样是在后来某个气旋的暖空气部分。

鸟类学家申克在丘鹬身上也发现了春季迁徙与风向的类似联系。他在著作中指出，丘鹬大批飞到匈牙利的时候，恰好就是欧洲气象图上有气旋前端挟带暖空气流抵达匈牙利的日子。这样看来，风是一项有力的因素，它发挥着重要的作用，能够解释春季候鸟"顺路"乘南风北上的迁徙活动。

鸟类还常常会抢在气旋前头，因此能充当未来天气的预报者。例如凯戈罗多夫[①]就发现，燕子（特别是雨燕）会"带来"暖空气流。只要钟楼和高塔上空开始响起雨燕那刺耳的尖叫——城市中常见的鸟类居民的典型叫声，就说明天气不久后一定会变暖，哪怕目前还是阴雨连绵的冷天。雨燕

---

① 德米特里·尼基福罗维奇·凯戈罗多夫（1846～1924），俄罗斯林业学家、鸟类学家、教育家。

之后便是那带来暖空气的气旋了。不过，这种鸟类也可能出现在反气旋的后端，或者说是"背部"；那里与冷空气的前端相反，同样可能会有南方的温暖气流。然而，我们不能忘记一个事实：到了春末夏初或仲夏时节，反气旋前端的北风就不再是冷风了。尽管北方的气流大多来自极地附近的国家，但它经过一段距离后已经明显变热了，给人的体感就是暖空气流。不过，候鸟的迁徙到了夏天也就停止了。最后一批飞到俄罗斯的是黄莺、鹌鹑、雨燕和秧鸡。

春天，鸟类会产生从西南往东北飞的难以抑制的冲动，这与气旋前端或反气旋后端的风向是相应的；那么随着秋天到来，鸟类就开始出现反向的冲动了，秋天临近的第一个信号便是鹤群乘着西北风向南迁徙。总的来说，它们似乎并不急着飞走，而是依依不舍地离开了北方：几乎是在同一天里，大范围里的鹤群突然全部起飞，随后在稍南的某个地方停留两三天。这种躁动往往不是没有来由的。请看：就在鹤群飞走的第二天，有时就在当天晚上，当地气温突然急剧下降，温暖的白天后接着严寒的夜晚，把地里的黄瓜或土豆茎叶都冻坏了。在这种情况下，鹤群发出的信号是非常有用的。

由此可见，风在解释候鸟的本能迁徙（春天从南到北，秋天从北到南）中发挥着十分重要的作用。在前一种情况下，鸟类乘着气旋前端或反气旋后端的气流北上；在后一种情况下，它们被气旋后端或反气旋前端的北风往南赶。

涅瓦河的分流"奇迹"

有个什利谢利堡[①]的居民问斯维亚茨基："我听说三四十年前的什利谢

[①] 俄罗斯西北部城市，位于圣彼得堡东北郊。

利堡发生过一件前所未有的事。大风在涅瓦河与拉多加湖的交汇处把湖水吹开，持续了整整四个小时，什利谢利堡和舍列梅捷夫卡的居民在湖底和河底走来走去，捡着地上的贝壳、古代的钱币、武器、日用品等。平日的什利谢利堡要塞是座孤岛，此时却成了低地中的一处高地。过了四个小时，水墙才渐渐开始合拢，很快变回了原来的模样。这种事真的有可能吗？要是有可能的话，又是什么缘故呢？"

在研究古代手稿时，斯维亚茨基在其中一份手稿中发现了相关记录，说明 16 世纪也发生过类似的事情："奥列什卡城（彼得大帝之前的罗斯对什利谢利堡的称呼）显圣记。1594 年，涅瓦河上狂风大作，将水分为两段，且久久不动；人可穿行于水间而滴水不沾，众人皆对奇迹惊叹不已。"

奥列什卡的情况很像《圣经》里犹太人过红海而法老军队被海水淹没的传说 [1]，自然也就会被我们 16 世纪的祖先当作奇迹。但只要看看普利尼奥夫低地 [2] 的天气图，设想有个小直径（大约从芬兰湾到拉多加湖的距离）的气旋从当地经过，仔细分析当时的风力条件，这个奇迹也就很好解释了（见图 11-9）。这种小气旋通常具有飓风的性质，是多核的大气旋中的一个小气旋核，往往会给列宁格勒带来水灾。按诗人的说法，如今列宁格勒的所在地当年还只有"枞树、松树与银色的苔藓"，只有"大胡子的老渔夫" [3] 才会观察到这种令人生畏的自然现象。假如我们设想的气旋的南部与涅瓦河的弯曲处大体相合，从西向位来的风——西风、西南风或西北风便会沿着涅瓦河刮到如今的列宁格勒，也就是涅瓦河三角洲；在这种情况下，海水常常会被风吹到陆地上，在涅瓦河三角洲引发水灾。与此同时，在奥列什卡和舍列梅捷夫卡村一带，涅瓦河从拉多加湖流出，且流向近乎自北向南，南风或西南风便会分开河水、阻挡水流。这就导致水源处形成了与三角洲相反的现象——

---

① 参见《旧约·出谷纪》14:15-31。

② 俄罗斯西北部低地，涅瓦河从中流过。

③ 均为俄罗斯诗人普希金的长诗《青铜骑士》中的诗句。

河水倒灌进湖里，而水流中的部分河水也会慢慢地朝河里的石滩流动。很明显，这种现象会一直持续到涅瓦河三角洲的水灾退去为止，也就是四个小时或更久，直到气旋经过当地和随后的风向变化后才会消失。

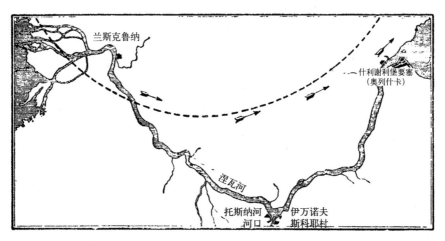

图 11-9　用气旋经过普利尼奥夫低地来解释什利谢利堡附近的"涅瓦河分流奇迹"。风向用箭头表示。在列宁格勒，风把海水吹到陆地上（水灾）；而在拉多加湖，风把水吹进湖里（倒灌）。

"稠李寒"与"拉多加车队"

"稠李寒"是一种经常发生在俄罗斯中部和北部的现象，与之相关的还有另一种有趣的现象，也就是来自拉多加湖的浮冰，以前的人开玩笑地给它取了个名叫"拉多加车队"。1841 年，有位库尔斯克的居民在圣彼得堡迎春，他的记录中能读到一段有趣的描述：

"不时回暖的严冬终于过去了，春天来了。天气晴朗温暖，仿佛没下过雪。爱打扮的圣彼得堡人开始穿轻薄的衣裳上街了。"于是作者心想，"这儿的天气想来也不比库尔斯克差。"可到了四月末（旧历）[1]，情况突然急转直下：

———————————
① 公历 5 月中上旬。

"天气变冷了，冷得叫人受不了。涅瓦河的河源吹来了刺骨的大风。

"'这到底是什么现象？'我问。

"这是'拉多加车队'很快就会来拜访我们啦。

"第一批车队出现在旧历 5 月 1 ～ 2 日①。浮冰大得吓人。涅瓦修道院附近的水涨了起来。居民中开始出现'神经性感冒发热'（以前的说法，大概是指流感）。一切都停滞了。树上的叶子卷了起来。青草失去了新鲜的气息。不管走到哪儿，到处都潮乎乎的。湿气还渗进了二楼的住房。低处的住房和地下室就更不用说了。那儿的积水多得很，简直可以划船了。"

库尔斯克人便是用这样惨淡的色调来描绘那不好客的北国春天。他把这样的春天写得非常凄凉，何况他本人也清楚"涅瓦寒潮"有时也会大举南下，深入弗拉基米尔省②乃至他生活的库尔斯克省境内。他认为，这种"灾祸"是从"拉多加车队"来到南方的，"拉多加车队"的冰寒由东北风带来，而东北风之所以能深入南方，是因为本可阻挡寒风的北方森林遭到了严重破坏。因此作者才呼吁要保护森林。

如今再看看这份保护南方免受北方寒潮危害的方案，自然会觉得有些好笑。北冰洋的"实验室"中产生的强劲寒潮根本就不经过森林，而是在森林上空呼啸而过。这并不是说我们可以对森林肆意妄为。但这位 19 世纪 40 年代的作者的思想基本是正确的——时至今日，我们还会谈到气旋后方或反气旋前方的北方寒潮，只不过我们知道寒潮并非来自"拉多加车队"，而是来自北冰洋。

话说回来，今天的大众仍有一种误解，以为列宁格勒的五月寒潮是由拉多加湖的浮冰产生的。其实浮冰不过是一种附带的现象。我们再来看看

---

① 公历 5 月 14 ～ 15 日。

② 今为弗拉基米尔州，俄罗斯中部行政区。

普利尼奥夫低地的天气图，但这次是被反气旋占领的。这样便会明白：拉多加湖的浮冰是在东北风和寒潮的压力下才被赶入涅瓦河的。这股寒潮自然偶尔也会深入南方，且通常是在稠李花开的时节，由此得名"稠李寒"。

不过，这股极地寒潮有时会在稠李花开后很久才姗姗来迟，拉多加湖的"车队"也早就过去了。举几个例子：1848 年 6 月 10 ~ 11 日的圣彼得堡，水桶里的水全冻住了，菜园里的蔬菜也全冻死了。1435 年 6 月中旬，严寒毁掉了田间的黑麦。《热里亚布日斯基日记》中提到，1704 年 5 月 20 日（旧历）① 夜间有一场大寒潮，奥卡河② 对岸城市如谢夫斯克、布良斯克③ 和莫斯科一带的黑麦全被冻死了，导致后来发生了一场大饥荒。

天气是怎么阻止西伯利亚雪松进入欧洲的

当 Б.П. 穆尔塔诺夫斯基拿到极地轴和亚速轴的地图时，他产生了一个想法：能不能在图上画出各种树木的分布界线呢？结果发现，这些界线的位置与极地轴的走向之间存在非常有趣的关联。举个例子，西伯利亚的树种包括松树和落叶松，在西伯利亚许多地方都形成了大片的森林，其大规模分布的西界恰好就是北角轴；在北角轴以西，就只能偶尔见到小片的这类树木了。很明显，西方更经常刮暖风，这种条件不太适合西伯利亚树木的生长；对它们来说，反倒是西伯利亚本土的寒冷天气更加可贵，而北角轴以东的地域具有西伯利亚式的气象条件，因此它们宁可在这条边界前停下步伐。相反的是，紫杉和鹅耳枥生长在斯堪的纳维亚轴以西，那里的暖风更适合它们生长；它们绝不会越过这条边界往东，因为东边的极地寒风很快就会把它们冻死。上述的树木界线无疑是在千百年的时间里，在树群

---

① 公历 6 月初。

② 俄罗斯中部河流，伏尔加河的主要支流。

③ 均为俄罗斯西南部城市。

与恶劣的气候条件斗争的自然历史过程中逐渐形成的。有的时候，某条轴的影响也会减弱，这时就会有个别树木越过禁区边界，尝试适应另一侧的气候条件；这种尝试有时也能成功，但等极地轴恢复活跃之后，便会无情地压制住树群的进攻，把它们赶回气压线后面去。

雪松的界线也是很有趣的：这种生在西伯利亚的树木连北角轴都够不到。穆尔塔诺夫斯基提出，这种情况可能是与他发现的第三条轴——从卡宁角出发深入大陆的"卡宁轴"有关。可就算是在更靠南的地方，雪松的界线也还是无法越过卡宁轴。雪松在科拉半岛 ① 和索洛维茨群岛 ② 也能见到。还有人指出瓦格河 ③ 流域也有雪松生长，也就是在北角轴与卡宁轴之间的地带。由此可以猜想，雪松原本的边界应该接近松树和落叶松的边界，起码在北部是这样。后来，雪松渐渐被排挤到了卡宁轴以东，这可能是由于手持利斧的人类的无情砍伐，也可能是由于北角轴活跃度减弱的缘故；这种情况对松树和落叶松的影响比较小，因为它们不像雪松，并不那么依赖西伯利亚的严寒。但无论如何，北角轴和卡宁轴都阻挡了西伯利亚的树种深入欧洲，就像斯堪的纳维亚轴阻止紫杉和鹅耳枥进入西伯利亚一样。

亚速轴以北的地区比较寒冷，使得葡萄的分布界线与之大体平行，这就阻碍了俄罗斯发展葡萄种植。但等到斯堪的纳维亚轴的活动显著减弱时，俄罗斯葡萄栽培甚至在西部地区也能进行。历史上记载的某些葡萄成熟事件便证明了这种情况。举个例子，1654 年，帕维尔·阿列普斯基 ④ 记录了基辅的葡萄种植。1809 年，普斯科夫的露天葡萄丰收，甚至一度同进口葡萄竞争。

此外，亚速轴也是半森林半草原地带与真正的草原之间的分界，冬天

---

① 俄罗斯西北部半岛，濒临北冰洋。
② 俄罗斯北部白海海域的群岛。
③ 斯洛伐克的主要河流。
④ 帕维尔·阿列普斯基（1627～1669），东正教会主教、旅行家、作家。

里还是两种河流的分界：一侧是稳定封冻的河流，另一侧是有冬汛或只有浮冰的河流。很明显，森林与草原的分界以及史前冰川的边界自古以来就和亚速轴并行，而亚速轴的位置可能发生过多次变化，有时更靠北，有时更靠南。

第十二章　天气与人

人能制造天气吗？

既然连预报天气都这么重要，如果人能不经预报而直接制造所需的天气，那岂不是好得多了？这里大概也会有些困难，比如说有人想要这种天气，有人想要那种天气；不过，我们说的当然不是让每个人分别创造"自己"的天气，而是通过影响天气去为国家经济服务，或在个别情况下预防天气的有害影响。要是长期干旱，便让天下雨；要是雨下得过多，便让它停住；赶走威胁田地的冰雹云，驱散妨碍导航员观察地面的大雾——哪怕只是小规模地影响天气，也能产生极其重要的结果。

古时候，人们就尝试着影响天气，即使不比天气观测更普遍，起码也不会更少见；由于当年民众的文化水平还比较低下，他们的尝试自然也是低水平的。从今天的观点看，这些影响天气的手段都源自荒唐透顶的迷信和宗教偏见。在许多地方，这种迷信至今犹存。如果旱灾长期不退，中国人便会举行隆重的祭祀仪式。在希腊等地区，人们碰到旱灾便让孩子们绕着水井和泉水游行，且走在前头的必须是个全身装点着鲜花的小姑娘；他们经过各家各院，每家的主妇都拿水喷在小姑娘身上，她则唱着特殊的求雨歌。俄罗斯的求雨祷文也与这相差不远；在某些地方，为了表现虔诚，人们会在神父刚结束仪式时便拿水浇他全身；而在亚美尼亚，据说人们浇水的对象不是神父，而是他的老婆……

为了让雨停下，有些民族会把烧红的石头放在地上；还有些民族邀请专门的法师来止雨，在法师念完咒语、做完仪式之前，所有人都无权洗脸或喝水。在暹罗①，人们拆掉庙宇的屋顶，好让神灵尽快把雨停住——不然的话，他们自己就要变成落汤鸡了！

---

① 泰国的旧称。

图 12-1　西伯利亚的法师在"求雨"。

1893 年，西西里发生了一场可怕的旱灾，等一切祈祷求圣都无济于事时，农民们便决定让这些圣人吃点苦头。在巴勒莫①，人们把圣若瑟②的雕像拖进一座彻底干掉的花园，扬言说只要天不下雨，就让他在大太阳下暴晒。还把圣像的鼻子朝向角落，就像在惩罚不听话的孩子。人们扯掉总领天使弥额尔③的金翼，又给他包上草席，还威胁圣安杰洛要把他吊死。"快下雨！要不就上绳套！"激愤的农民大声狂呼。

　　中世纪的人坚信噪声会驱散冰雹云，于是当雷雨临近时，他们便会敲响大钟。许多中世纪的大钟上都留有相关记载的铭文。其中有句著名的"Vivos voco, mortuos plango, fulgura frango"④被席勒⑤用作长诗《钟之歌》的篇首题词。

---

① 西西里岛西北部城市。

② 新教译为"圣约瑟"，《福音书》记载中圣母玛利亚的丈夫，后被封圣。

③ 新教译为"天使长米迦勒"，基督教文化中最受崇敬的天使，是天军之首和力量的象征。

④ 拉丁语，"我呼喊生者，我哭悼死者，我击散雷电！"——原注

⑤ 约翰·克里斯托弗·弗里德里希·冯·席勒（1759～1805），德国著名诗人。

能在干旱的天气下造雨吗?

我们不打算求神拜佛去求雨，也不指望什么超自然的力量。如今的科学已具备了极其强大的手段，别说是中世纪的人了，就连不久前的人也是做梦都想不到。科技能调动巨大的能量储备；实验室里已达到了极端的高温和极端的低温；风洞里创造出了与飓风相近的强风；成功制造了闪电，甚至是球形闪电。天气同样是受物理规律控制的。或许终有一天，这些科学成就也能用来对天气施加影响?

原则上说，实验室里的现象与自然界的现象并没有本质区别。这里的问题只在于规模大小。

实验室要制造一小朵云并把它重新蒸发，制造人工的风或放电现象等，这都毫不困难。但如果我们来到自由大气中，便会碰到完全不是一个级别的力量了。

我们且选一个很不起眼的面积——100平方米，粗略计算一下，在这个面积里降下1毫米的雨水需要多少能量。不难算出，100平方米内深度1毫米的雨水重100千克。设想有个边长10米的空气立方体（体积1000立方米）。假如这些空气饱和了水蒸气，其中的水分重约5千克。这些水蒸气液化时放出的热量换算成功，约等于5马力·时。也就是说，要获得100千克的降水，需要消耗约100马力·时的能量。这个数量固然可观，但对人来说还是完全可以达到的。但你可别忘记，这仅仅是给100平方米的面积洒点水，也就是跟一个微型花园或菜园差不多的地方。换作1平方千米的田地，就需要100万马力·时的能量了；这可得好好斟酌一番!

不管从什么方面对人工降雨的问题下手，我们都会碰到一个障碍，那就是能量守恒定律。例如有这样一种建议：由于自然界中的降水是空气上升时受冷导致的，那么只要造一条管子，把空气透过管子垂直往上驱动就行了。我们当然清楚，实验室里可以把空气往任何方向驱动。但经过计算便会发现，要获得雨水就得造一条至少 500 米高的管子！如果还要获得对田地有用的雨水，消耗的能量就得用数千万马力·时来计算了……

难道不能利用"受热导致冷却"的原理，通过在地表附近加热空气，迫使空气往上移动吗？计算表明，用这种方法在 2.5 平方千米的范围内降下 12 毫米雨水（中等的降水量，面积也绝对算不上大），必须燃烧掉 6400 吨煤。而且还不是所有水都能到达地面：其中一部分在空中就蒸发了。

那要是用冰障挡在风的路径上，令空气冷却而获得降水呢？或者更简单点，造一条土堤，空气经过时便会抬升，在高处析出水分，就像风吹过山脉时一样？用不着计算也很清楚，这些障碍得有山脉那么高才差不多，这建造成本都该超过旱灾造成的全部损失了。从实践角度看，许多理论上可行的措施就只能说是"不可行"的，因为实现起来必须花费巨额的资金。

加拿大有些地区深受缺水之苦，于是有人提出了一个办法，从飞机上喷洒液态的空气引发降水。这个想法本身是没错，但只有一点令人不解：既然能直接在地表令水蒸气凝结，那又何必用飞机把空气升到空中呢……不管怎样，有一点是很清楚的：要想灌溉一整个区的土地，需要液态空气的数量简直是匪夷所思。

近年来还经常讨论另一个方法：把带电的沙子从飞机上撒入云层。针对的是这样的情况：空气中有足够的水蒸气，但由于缺少"凝结核"而无法凝结。可是既然云已经形成了，那还要凝结干吗呢？带电的沙子或许能促使小液滴形成大液滴，也就是开始下雨时的那种。但也别忘记在讲云的一章的开头提到的：云可不是什么恒常不变的东西，而只是一个"地方"，其中不断发生着水蒸气在自由大气中析出的过程。在大部分低层云中，水的储量都是微不足道的；而要是想制造这样一种过程，能持续形成强大的云朵，需要的能量就绝不是人工手段所能企及的了。

雨和战争

"不管怎样，"有读者可能会说了，"历史上也有些大战最后是以暴雨告终的，有史为证。"

许多人相信，枪炮的射击及其引发的空气震动可能导致降雨。这里面有没有几分道理呢？现代的大型火炮发射时产生的能量，是否能破坏大气的平衡呢？

有趣的是，早在火药问世之前很久，就有人相信战争与降雨存在关系了。早在普鲁塔克①那时，他就断言战斗后的降雨是由朝着天空怒吼的战士的汗水和血水形成的……事实上，战斗确实经常以降雨结束，但这完全是由于另一种缘故：战斗通常发生在夏天，而夏天的中纬度地区降水也更频繁。此外，既然持久的好天气并不常有，而进攻又往往挑在好天气开始，那么最后天气变坏也就不足为奇了。毫无疑问，不论是战斗中还是战斗后，天气都是按着普遍的大气条件下应有的状况来的，只要看看战斗期间的天气图，随便什么人都能验证这一点。然而，大众最喜欢"固执己见"。要推翻这种成见是很难的：因为我们没法直观地证明，假如没有射击的话又会发生什么情况……但很明显的是，从整体上看，射击的影响跟我们前面提到的其他方法都是一个级别的。爆炸的影响微乎其微，其热量在太阳能面前简直不值一提，其化学作用甚至比不上大型工业城市中燃烧燃料的产物呢。

---

① 普鲁塔克（卢修斯·梅斯提乌斯·普鲁塔库斯，45 ~ 120），古罗马时期的希腊作家、历史学家。

驱雹臼炮

继中世纪的钟声之后，又有人开始用一种特殊的"驱雹臼炮"，利用其射击来驱散雷雨云。据认为，这种大炮朝上开火便能预防冰雹。但跟其他火炮射击一样，这些臼炮也不可能对天气产生丝毫影响。然而，人们是耗费了大量时间、精力和资金，最后才得出了这个结论。针对这个问题，特别是在 19 世纪末的西欧的葡萄种植界，有许多文献对其进行了激烈的争论——但如今这些臼炮已经彻底湮没无闻了。

图 12-2　驱雹臼炮（取自旧图）。

散　雾

有个看似比较简单的任务——驱散机场的雾气。这能解决吗？

这里的任务和造雨恰好相反：要让空气中已经析出的水分蒸发。但这个任务只是看似"简单"罢了：这种蒸发要消耗的能量也超过了合理的限度。比降雨的能量少一点，因为雾层的含水量本来就比灌溉田野所需的水量要少。但雾气里的液滴总是处于微弱的水平运动状态，这就让问题复杂化了。要是没有这种运动，确切地说是与之相伴的回旋运动，液滴便该在重力的作用下落地了。

根据英国气象学家肖尔的计算，要从边长 350 米的机场蒸发掉约 15 米厚的雾层，每小时至少得消耗 12 吨煤。用放电手段也不会更有效，尽管实验室已经证明了放电会让云朵消散。肖尔不无讽刺地讲述了著名物理学家罗治[①]的实验：他在自己实验室的屋顶上安装了一台放电器用来散雾，结果它只让实验室附近的雾消散了一次，可那时整个城郊的雾气都已经消散掉了……

我们每个人能为气象学做些什么

许多气象学爱好者用自制仪器做了非常认真的观测，但他们把观测结果寄到中央气象机构后，却收到答复说无法采用，这令他们非常沮丧。

凡是对气象学真心感兴趣的人，要是能一天天地记录各种气象要素和天气现象，特别是连着几年在同一个地方作记录，便能给自己带来不少乐趣。这些观测有时能帮助阐明局部的天气特点，用来进行天气预报，或揭示某些气候特征。对青年人来说，观察每分钟都会碰到的现象——天气的各种表现，想必也是件有趣又有益的事情。不少能严肃对待这件事情的爱好者后来还成了大学者呢。但也不应该夸大这种"粗略"的气象观测的意义，要把这些观测用于普通的气象学工作通常是很困难的。

---

① 奥利弗·约瑟夫·罗治爵士（1851～1940），英国物理学家、作家，对电磁现象研究有重要贡献。

　　然而，这只是就需要精确仪器的日常气象观测而言。气象学中也有一些领域，凡是对这项事业有浓厚兴趣的人，都能对科学作出直接的、不可替代的贡献。有些特殊的现象，如冰雹、旋风、飓风、暴雨等，有时只发生在狭小的地带内，单靠官方的气象站并不总能及时发现；在此，只要能做到正确又详细，当地进行的观测也会具有很大的意义。日晕的写生（有照片就更好了）、极光的写生、云朵的照片，特别是与云朵过后观察到的天气相关的照片，或者某些类型的云朵变成其他类型的照片，这都是些非常有趣的成果。观测雾、霜、凇、露和霜冻也能带来许多珍贵的成果。

　　然而，有几种更复杂的观测也是爱好者就能做到的；举个例子，对天体周围的光晕进行测量，以此为基础便能确定雾或云中液滴的大小，这个问题对于理论和实践都非常重要。

　　至于这方面要做什么、该怎么做，各种相关指示应该由地球物理总观测台、地方气象中心、地理爱好者协会以及区域研究组织来提供。这类无须仪器的观测尤其适合让广大群众来进行，因为官方气象站在各地的密度不够，且当前的工作任务非常繁重。如果能组织好"常务气象学家"与气象学爱好者之间的合作，就能极大地推动许多气象学任务的解决。